49,-

Friedrich Kummer (Hrsg.)

Das cholinerge System der Atemwege

Springer-Verlag Wien New York

Prof. Dr. Friedrich Kummer
2. Medizinische Abteilung mit Lungenkrankheiten und Tuberkulose
Wilhelminenspital, Wien, Österreich

Das Werk ist urheberrechtlich geschützt.
Die dadurch begründeten Rechte, insbesondere die der Übersetzung,
des Nachdruckes, der Entnahme von Abbildungen, der Funksendung,
der Wiedergabe auf photomechanischem oder ähnlichem Wege
und der Speicherung in Datenverarbeitungsanlagen, bleiben, auch bei nur
auszugsweiser Verwertung, vorbehalten.

© 1992 by Springer-Verlag/Wien
Satzherstellung: Zehetner Ges. m. b. H., A-2105 Oberrohrbach bei Korneuburg
Printed in Austria by Ferdinand Berger & Söhne, A-3580 Horn
Gedruckt auf säurefreiem Papier

Die Wiedergabe von Gebrauchsnamen, Handelsnamen, Warenbezeichnungen
usw. in diesem Buch berechtigt auch ohne besondere Kennzeichnung nicht zu
der Annahme, daß solche Namen im Sinne der Warenzeichen- und Marken-
schutz-Gesetzgebung als frei zu betrachten wären und daher von jedermann
benutzt werden dürften.

Mit 56 Abbildungen

ISBN 3-211-82341-7 Springer-Verlag Wien-New York
ISBN 0-387-82341-7 Springer-Verlag New York-Wien

Geleitwort

Das cholinerge System stellt eines der Hauptregulative des bronchialen Muskeltonus dar. Es spielt bei verschiedenen obstruktiven Ventilationsstörungen eine jeweils andere – wichtige oder untergeordnete – Rolle.

Es wird in diesem Buch die Brücke zwischen der Theorie (neuronale Strukturen, Rezeptoren, Mediatoren) und der klinischen Praxis geschlagen. Die Besonderheit des Buches liegt u. a. darin, daß erstmals die traditionsreiche europäische Forschung auf diesem Gebiet (W. T. Ulmer, Bochum) mit den neueren sehr klinisch orientierten Ergebnissen der Autoren aus USA (N. Gross) und Canada (Chapman) gemeinsam präsentiert wird. Dies regt den vorgebildeten Leser zur Abwägung und zum Vergleich an, während der junge Adept auf dem Gebiete der Atemphysiologie gleich in das Zentrum des Interesses eingeführt wird.

Das Buch vermittelt aus berufenem Munde einen hochmodernen Überblick über unser Verständnis des Vagus bzw. der cholinerg-mediierten Bronchokonstriktion jeweils mit konkretem klinischem Bezug auf allergisches Asthma, kindlichen Bronchospasmus, chronische Bronchitis und Emphysem. Den therapeutischen Konsequenzen wird breiter Raum gegeben. Ein spezielles Interesse wird der Interaktion von Linksherzinsuffizienz und bronchialer Hyperreaktivität (A. Lockhart, Paris) bzw. bronchialer Obstruktion gewidmet, ein wieder sehr zukunftsträchtiges Forschungsgebiet.

Diese Beiträge wurden auf dem 3. Wiener Asthmaforum im Juni 1990 vorgetragen. Die Veranstalter sind für die Organisation und Unterstützung der Veranstaltung Herrn Dr. K. Nikitsch und Prof. Dr. P. Placheta von Bender Wien zu größtem Dank verpflichtet.

Prof. F. Kummer

Inhaltsverzeichnis

Morgenroth, K.: Morphologie der vagalen Versorgung   1
Doods, H. N., Ziegler, H.: Die Bedeutung der Muskarin-Rezeptoren in den Atemwegen 13
Kneußl, M.: Interaktion von Vagus und Sympathikus im Tracheo-Bronchialsystem 25
Ulmer, W. T.: Die Reflex-Bronchokonstriktion 43
Rauscher, H.: Gastroösophagealer Reflux und Bronchokonstriktion 55
Schultze-Werninghaus, G.: Stellenwert der Anticholinergika bei allergischem Asthma im Erwachsenenalter 61
Lindemann, H., Bultmann, C., Hüls, G.: Die Rolle des Vagus am kindlichen Bronchialsystem 75
Gross, N. J.: Vagale Aktivität bei chronischer Bronchitis und Emphysem 87
Chapman, K. R.: Antimuskarinische Bronchodilatatoren: Ihre Rolle bei der Behandlung obstruktiver Atemwegserkrankungen 101
Lockhart, A., Cabanes, L., Weber, S., Regnard, Y.: Linksherzversagen und bronchiale Hyperreaktivität 121
Mlczoch, J.: Vagale Reflexe bei Linksherzinsuffizienz 133
Rasche, K., Strunk, M., Schött, D., Marek, W., Ulmer, W. T.: Atemstrombehinderung bei der „cardiac lung". 139
Bauer, R.: Entwicklung neuer anticholinerger Bronchodilatatoren 153

Morphologie der vagalen Versorgung

K. Morgenroth

Institut für Pathologie der Ruhr-Universität Bochum

Zusammenfassung

Die Funktion der bronchialen Reinigungsmechanismen an der Bronchialschleimhaut ist an eine strenge Koordination von Sekretproduktion, Zilienschlagfolge und Tonus der Bronchialmuskulatur gebunden, die durch eine differenzierte Innervation geregelt wird. Durch die systematisch elektronenmikroskopische Untersuchung an Biopsiematerial konnte die feinere Innervation der Bronchialschleimhaut ermittelt werden, bei der an den einzelnen Strukturelementen besonders ausdifferenzierte Endfasern dargestellt werden können. An der Struktur der Nervenendigungen entwickeln sich im Zuge der Bronchitis gravierende Veränderungen, die wahrscheinlich für eine Änderung der Reaktionsfähigkeit und -bereitschaft der Bronchialschleimhaut mitverantwortlich ist.

Einleitung

Die Reaktionsbereitschaft der Bronchialschleimhaut ist auf die exponierte Lage des Organsystems und die Notwendigkeit zur Anpassung der Funktion an die sich ständig und rasch ändernden Umweltbedingungen angepaßt. Eine Vielzahl von experimentellen und pharmakologischen Untersuchungen haben gezeigt, daß die Funktionen einer differenzierten nervalen Regulation unterliegen.

An der menschlichen Lunge ist eine ausgeprägte cholinerge „parasympathische" und eine nur geringe adrenerge „sympathische" Innervation ausgebildet [5]. Dabei haben vergleichende funktionelle und morphologische Untersuchungen ergeben, daß die menschliche Lunge überwiegend von parasympathischen Fasern aus dem Nervus vagus versorgt werden [8].

Eine aus markhaltigen und marklosen Nervenfasern und Ganglienzellen zusammengesetztes Geflecht passiert den Lungenhilus als Plexus pulmonalis und setzt sich intrapulmonal als Plexus bronchialis weiter fort [2]. Im Plexus peribronchialis liegen zahlreiche autonome, multipolare Ganglienzellen, deren Fortsätze sich im Plexus bronchialis mit den Fasern des Nervus vagus und des Nervus sympathicus vermischen. Das Verhältnis von markhaltigen zu marklosen Fasern verhält sich hilusnah etwa wie 1:50, hilusfern wie 1:100 [2].

Die Nervenaxone werden stets von einer Schwannschen Zelle umgeben. Dabei liegen mehrere Axone mit und ohne Markscheide im Zytoplasma einer Schwannschen Zelle (Abb. 1). Von den Nervensträngen des peribronchial gelegenen Plexus zweigen feinere Stränge ab und ziehen zu den einzelnen Strukturen der Bronchialschleimhaut.

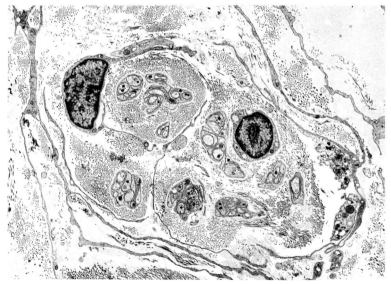

Abb. 1. Querschnitt einer Aufzweigung des Plexus peribronchialis in der subepithelialen Bindegewebszone der Bronchialwand. In einer gleichmäßig dichten Kollagenfaserstruktur liegen mehrere Axone ohne Markscheide im Zytoplasma der Schwannschen Zellen. Vergrößerung: 7000mal

Feinere Innervation der Bronchialschleimhaut

Die feinere Innervation der Bronchialschleimhaut wurde bisher überwiegend an Laboratoriumstieren untersucht [1, 5]. Systematische elektronenmikroskopische Untersuchungen an Biopsie- und Operationsmaterial haben gezeigt, daß die Befunde denen der menschlichen Bronchialschleimhaut sehr ähnlich sind [3, 4]. Feine Aufzweigungen und Endfasern ziehen an das Oberflächenepithel, an die peribronchialen Drüsen und die Bronchialmuskulatur.

Innervation des Oberflächenepithels

Im Oberflächenepithel der Bronchialschleimhaut sind afferente und efferente Fasern nachzuweisen. Die afferenten sensorischen Fasern haben kolbige Auftreibungen unmittelbar unter dem Epithel oder sind als sensorische Endorgane in den oberen Schichten angeordnet [9]. Diese sensorischen Endorgane sind ähnlich aufgebaut wie die Druckrezeptoren in der Haut. Den merkelzellähnlichen Zellen, die im Zytoplasma einzelne Vesikel mit lockerem granulärem Inhalt aufweisen, sind plattenartig verbreiterte Nervenendigungen zugeordnet.

Die efferenten Fasern spalten sich von subepithelialen Nervenfasern ab und dringen nach Entblößung von der Schwannschen Scheide durch die Basallamelle verlaufend in das Epithel ein (Abb. 2). Sie ziehen hier in den Interzellularspalten bis in die apikalen Regionen. Auf den Quer- und Längsschnitten sind die typischen Neurotubuli nachzuweisen. Die Fasern enthalten in unregelmäßiger Verteilung kleine Mitochondrien vom Cristae-Typ (Abb. 3). Daneben sind in diesen Endfasern Granula enthalten, die durch eine einfache Membran abgegrenzt werden. Sie enthalten z. T. dichtes granuläres Material oder zeigen eine agranuläre, helle Matrix. Die Trennung von adrenergen und cholinergen Fasern ist nach dem morphologischen Erscheinungsbild nicht möglich.

Die Nervenendigungen sind in den oberen Epithelschichten in Vertiefungen der Zellmembran eingebettet und liegen den Zellmembranen an. Zwischen den Nervenfasern und der Zellmembran ist ein Spaltraum von etwa 120 nm ausgebildet. Vereinzelt sind in diesen Abschnitten Einbuchtungen der Zellmembran angeordnet.

Systematische Untersuchungen an Biopsiematerial von Patienten im Kindes- und Erwachsenenalter (jenseits des 30. Lebensjahres) haben

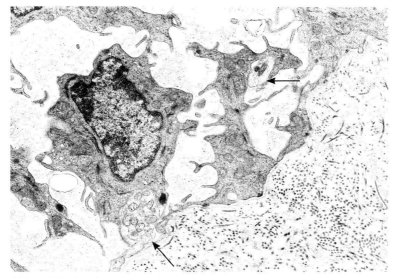

Abb. 2. Eintritt einer Nervenfaser in das Bronchialepithel und Verlauf einer Faser im Interzellularspalt (Pfeile). Auf den Anschnitten Neurotubuli und kleine Mitochondrien vom Cristae-Typ. Vergrößerung: 23.500mal

gezeigt, daß im Oberflächenepithel die regelmäßige Anordnung der Nervenendigungen wie bei den Laboratoriumstieren nur bei Kindern nachzuweisen ist. Wahrscheinlich wird durch das Längenwachstum die Distanz zwischen den Endfasern so weit, daß sie nur schwer aufzufinden sind. Möglicherweise wird ein Teil der Endfasern auch bei Nekrosen des Bronchialepithels bei den regelmäßig im Kindesalter auftretenden Virusinfektionen zerstört.

In unregelmäßiger Verteilung sind zwischen den Epithelzellen neurosekretorisch aktive Zellen nachzuweisen, die durch eine helle zytoplasmatische Matrix und unregelmäßig angeordnete Granula mit einer dichten granulären Matrix gekennzeichnet sind. Nervenendigungen legen sich diesen Zellen in synaptischen Verbindungen an.

Peribronchiale Drüsen

Die nervale Steuerung der Funktion der seromukösen Drüsen unterliegt einer parasympathischen, cholinergen Regulation [7]. Die Sekretion

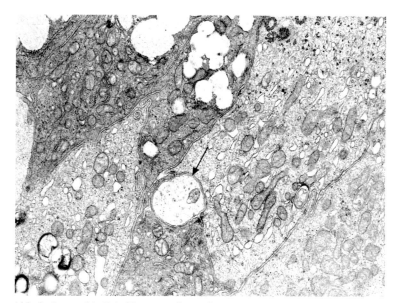

Abb. 3. Intraepitheliale Nervenendigung in den apikalen Abschnitten des Bronchialepithels (Pfeil). Die Endfaser liegt in Vertiefungen der Zellmembranen der Epithelzelle direkt an. Vergrößerung: 2500mal

kann durch Vagusstimulation und durch cholinerge Substanzen angeregt werden.

Im Bindegewebe der Bronchialwand verlaufen Nervenfasern in unmittelbarer Umgebung der Schleimdrüsen und nähern sich mit feinen Aufzweigungen den einzelnen Azini (Abb. 4). Auf Axonquerschnitten sind in den einzelnen Fasern unterschiedlich ausgebildete Vesikelstrukturen angeordnet. Kleine Vesikel mit hellem Inhalt und größere mit kontrastreichem granulärem Inhalt kommen vor. (Abb. 5). Die granulären Vesikel von variablem Durchmesser sind Träger der katecholaminergen Transmittersubstanzen und damit Repräsentanten der sympathischen, adrenergen Innervation.

Von der Schwannschen Scheide entblößte Axone dringen durch die Basallamelle in die Azini ein. Die Endfasern legen sich den sekretbildenden Zellen in synaptischen Kontakten an. Der für Synapsen typische Interzellularspalt ist nachweisbar. Die Zellmembran der Epithelzellen zeigt im Bereich der Kontaktflächen Einbuchtungen mit Bildung schma-

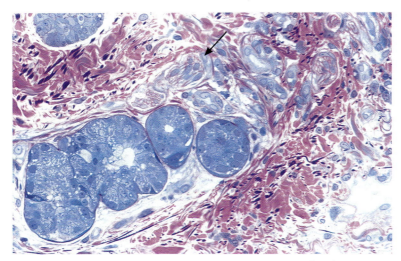

Abb. 4. Nervale Versorgung der peribronchialen Drüsen. Aufzweigungen von Nervenfasern verlaufen zwischen den Azini der Drüsen (Pfeil). Semidünnschnitt. Färbung: Basisches Fuchsin und Methylenblau. Vergrößerung: 280mal

ler Zytoplasmaausläufer, die mit den Nervenendigungen in direkten Kontakt treten. In den zugeordneten Epithelzellen ist in den Kontaktzonen eine filamentäre Grundstruktur im Zytoplasma und eine Ansammlung von Pinozytosebläschen zu beobachten. Die kolbigen Auftreibungen treten gleichzeitig mit den in der Peripherie der Azini angeordneten Myoepithelzellen in synaptischen Kontakt. Die Myoepithelzellen sind wahrscheinlich durch Kontraktion am Transport des Sekretes aus der Azininuslichtung in das Gangsystem der Drüsen beteiligt. In der Umgebung der Kontaktzone liegen im Zytoplasma der Myoepithelzellen dichte Ansammlungen von Pinozytosebläschen wie im Bereich typisch ausgebildeter Synapsen.

Glatte Muskulatur

Endaufzweigungen des Plexus peribronchialis versorgen auch die glatte Muskulatur (Abb. 6). Hier ist eine besonders reiche Ausbildung von feinen Aufzweigungen zu beobachten. Äste des peribronchialen Plexus nähern sich den einzelnen Muskelfasern und sind hier in Form von

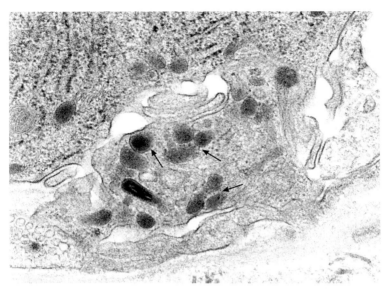

Abb. 5. Intraepitheliale Nervenendigung in einem Azinus einer peribronchialen Drüse. Eine kolbige Auftreibung liegt der basalen Zellmembran der Epithelzelle an. Auf dem Anschnitt typische Granula mit dichtem, kontrastreichem Inhalt (Pfeile). Vergrößerung: 67.000mal

größeren Muskelfaserbündeln den einzelnen Muskelzügen zugeordnet. Von diesen größeren Ästen zweigen feine Endaufzweigungen ab, die zwischen den einzelnen Muskelzellen im Innern der Muskelbündel verlaufen. Die Endaufzweigungen nähern sich den Muskelfasern und bleiben von diesen durch einen etwa 650 nm breiten Spalt getrennt. Sie sind z. T. von einem lockeren Kollagenfasergerüst und von einer Basalmembran umgeben (Abb. 7). In den diesen Endaufzweigungen zugeordneten Anteile der Muskelzellen sind in dichter Anordnung Pinozytosebläschen ausgebildet. Es entstehen sog. Synapsen auf Distanz [2].

An den feinen, zwischen den Muskelzellen verlaufenden Fasern sind Auftreibungen ausgebildet, in denen auf Querschnitten in dichter Anordnung Vesikel mit hellem Inhalt liegen. Daneben kommen einzelne größere Vesikel mit dichtem, granulärem Inhalt vor (Abb. 8). Immunhistochemisch konnte in diesen größeren Vesikeln vasoaktives intestinales Peptid (VIP) nachgewiesen werden [4].

Vereinzelt ist die Freisetzung von Vesikeln mit hellem und granulä-

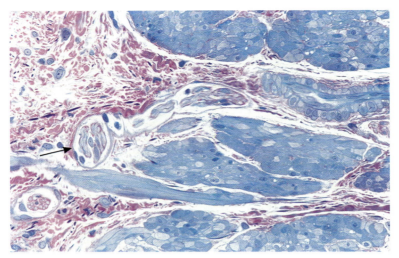

Abb. 6. Nervale Versorgung der Bronchialmuskulatur. Aufzweigungen von Nervenfasern verlaufen zwischen den Muskelfaserbündeln (Pfeil). Semidünnschnitt Färbung: Basisches Fuchsin und Methylenblau. Vergrößerung: 280mal

rem Inhalt aus den Nervenendigungen zu beobachten. Sie sind in buchtenartigen Vertiefungen der Nervenauftreibungen frei in der Interzellularflüssigkeit angeordnet. Unter der Zellmembran der zugeordneten Muskelzelle liegen in dieser Zone in dichter Anordnung Pinozytosebläschen. Es muß angenommen werden, daß die neurosekretorischen Substanzen sich in der Interzellularflüssigkeit ausbreiten und über Rezeptoren auf der Zellmembran der Muskelzelle über die regelmäßig ausgebildete Distanz wirken können.

In fortgeschrittenen Stadien der chronischen fibrosierenden Bronchitis werden im Zuge der Zunahme des zwischen den Muskelzellen angeordneten Kollagens die Nervenendigungen von den Muskelzellen abgedrängt und in Fasermaterial eingeschlossen (Abb. 9). Wahrscheinlich führt die Zunahme der Distanz zwischen Nervenendigung und Muskelzelle auch zu einer Änderung im Ablauf der nervalen Regulation.

Diskussion und Schlußfolgerung

Die morphologischen Befunde zur Innervation der Bronchialschleimhaut lassen erkennen, daß hier ein hoch ausdifferenziertes System der

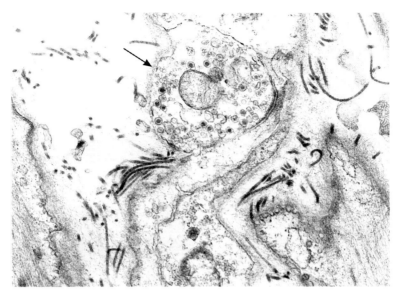

Abb. 7. Kolbige Auftreibung einer intramuskulären Endfaser (Pfeil), die einer Muskelzelle durch lockere Kollagenfaserstruktur getrennt anliegt (sog. Synapse auf Distanz). Vergrößerung: 37.000mal

nervalen Versorgung besteht. An den epithelialen Strukturen und an der glatten Muskulatur sind synapsenähnliche Endorgane ausgebildet, die einen direkten nervalen Einfluß auf die einzelnen, für die bestimmten Funktionen verantwortlichen Strukturen möglich erscheinen lassen. Die Anordnung der efferenten und afferenten Fasern lassen die Wechselbeziehung zwischen direkter Informationsaufnahme und funktioneller Umsetzung ableiten. Die nervalen Regulationsmechanismen sind in der Bronchialschleimhaut deshalb als wesentliche Komponente der bronchialen Reaktivität und Abwehrreaktion anzusehen. Die Beobachtungen an Zellkulturen von Bronchialepithel und Transplantationen von Bronchialschleimhaut lassen ableiten, daß daneben jedoch wahrscheinlich eine autonome, zellgebundene Regulation besteht, die über Rezeptoren der Zellmembranen, wahrscheinlich im Bereich der Mikrovilli am Oberflächenepithel und einer Informationsübertragung über Strukturen des Zytoskeletts der Bronchialepithelzellen abläuft. Sie wird wahrscheinlich durch nervalen Einfluß modifiziert. An der nervalen Versorgung der Bronchialschleimhaut können degenerative Veränderungen auftreten,

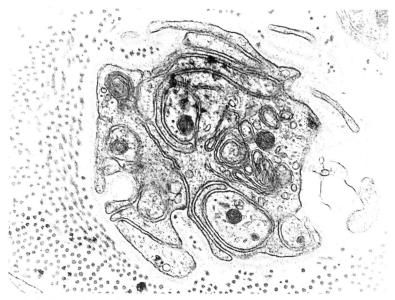

Abb. 8. Querschnitt einer intramuskulären Nervenendigung. In den Axonen kleine Granula mit hellem und größere mit dichtem, kontrastreichem Inhalt. Vergrößerung: 48.000mal

die sich wahrscheinlich auch auf die Regulationsmechanismen auswirken. Vergleichende Untersuchungen der Endfasern am Oberflächenepithel bei Probanden aus verschiedenen Altersstufen an Biopsiematerial machen deutlich, daß wahrscheinlich unter der Einwirkung exogen toxischer Substanzen und rezidivierender viraler und bakterieller Infektionen eine Reduktion der Nervenendigungen im Oberflächenepithel auftritt. Solche Nervenendigungen sind in Abschnitten mit metaplastischem Umbau des Bronchialepithels im Kindes- und im Erwachsenenalter nie nachzuweisen.

Beobachtungen bei der chronischen, fibrosierenden Bronchitis lassen ableiten, daß die Nervenendigungen vor allem an der Bronchialmuskulatur in den fibrosierenden Prozeß einbezogen werden. Die Distanz zwischen Nervenfasern und den zugeordneten Muskelzellen wird durch die sie umscheidenden Kollagenfasern wesentlich verbreitert. Die Diffusion der aus den Nervenendigungen freigesetzten Neurotransmitter wird wahrscheinlich durch die Fibrose wesentlich verändert. Möglicher-

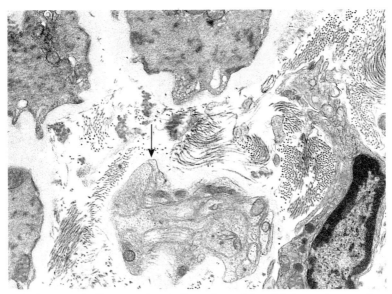

Abb. 9. Muskelzellen von einer kollagenfaserreichen Bindegewebszone ringförmig umgeben bei einer fibrosierenden Bronchitis. Die Nervenendigungen (Pfeil) werden durch die Firbose von der Oberfläche der Muskelzellen abgedrängt. Die Distanz zwischen Nervenendigung und Muskelzelle wird stark verbreitert. Vergrößerung: 28.000mal

weise kann sie eine Dauerkontraktion der Muskelfasern auslösen.

Aus den elektronenmikroskopischen Befunden ist die topographische Beziehung zwischen den Endfasern des Nervensystems und den einzelnen Strukturelementen der Bronchialwand systematisch zu erfassen. Die morphologischen Befunde können dadurch zum Verständnis der physiologischen und der pathophysiologischen Vorgänge bei der Fehlsteuerung der Bronchialfunktionen in die Deutung mit einbezogen werden.

Literatur

1. Andreas KH, v Düring M (1985) Rezeptoren und nervöse Versorgung des bronchopulmonalen Systems. In: Ulmer WT (Hrsg) Bochumer Treff 1984. Dustri, München Deisenhofen, S 31–49
2. Blümcke S (1983) Anatomie, Histologie und Ultrastruktur. In: Doerr W, Seifert G, Uehlinger E (Hrsg) Pathologie der Lunge I. Springer, Berlin Heidelberg New York Tokyo, S 51–65

3. Laitinen A, Laitinen LA, Heino M, Haahtela T (1985) Intraepithelial nerve fibres in a normal subject and asthmatic patients. Prog Resp Res 19: 137–142
4. Laitinen A, Portanen M, Hervonen A, Pelto-Huikko M, Laitinen LIA (1985) VIP like immunreactive nerves in human respiratory tract. Histochemistry 82: 313–319
5. Metz J (1985) Innervation der Lunge. In: Ulmer WT (Hrsg) Bochumer Treff 1984. Dustri, München Deisenhofen
6. Morgenroth K, Donner U (1985) In: Ulmer WT (Hrsg) Elektronenmikroskopische Befunde an Bronchusbiopsien zur nervösen Versorgung der menschlichen Bronchialschleimhaut. Dustri, München Deisenhofen
7. Nadel JA, Davis B (1980) Parasympathic and sympathetic regulation of secretion from submucosal glands in airways. Fed Proc 39: 3075–3079
8. Richardson JB, Ferguson CC (1979). Neuromuscular structure and function in the airways. Fed Proc 38: 202–208
9. Spencer M, Loef D (1964) The innervation of human lung. J Anat 98: 599–609

Korrespondenz: Prof. Dr. K. Morgenroth, Universitätsstraße 150, D-W-4630 Bochum 1, Bundesrepublik Deutschland.

Die Bedeutung der Muskarin-Rezeptoren in den Atemwegen

H. N. Doods und *H. Ziegler*

A Preklinische Forschung, Dr. Karl Thomae GmbH, Biberach, Bundesrepublik Deutschland

Zusammenfassung

Das cholinerge System der Atemwege wird über unterschiedliche Muskarin-Rezeptoren beeinflußt. Aus Rezeptorbindungs-Studien und tierexperimentellen Untersuchungen war es möglich, eine Differenzierung dieses heterogenen Systemes vorzunehmen und wichtige Erkenntnisse zur Funktion der einzelnen muskarinergen Subtypen (M_1–M_3) zu gewinnen.

    Nachfolgend wird dargestellt, welche Subtypen für den Tonus der glatten Muskulatur und die Steuerung der Sekretion verantwortlich sind. Diese Erkenntnisse sind nicht nur für die Pathophysiologie diverser Lungenerkrankungen von besonderer Bedeutung, sondern sie sollen auch die Entwicklung selektiv wirksamer Atemwegs-Therapeutika ermöglichen.

Einleitung

Die Mechanismen zur cholinergen Regulation der Atemwege sind gut untersucht und dokumentiert [1, 2, 3]. Muskarin-Rezeptoren sind im gesamten Respirationstrakt verteilt und finden sich in der glatten Muskulatur [4, 5], den submukösen Drüsen [6, 7], im Epithel [8, 9], in Mastzellen [10, 11] und Blutgefäßen [12, 13] und auch in den parasympathischen Ganglien [14, 15]. Die besondere Bedeutung des Einsatzes muskarinischer Antagonisten bei der Behandlung obstruktiver Atemwegserkrankungen liegt darin begründet, daß die Bronchokonstriktion in den Atemwegen in erster Linie über das cholinerge System geregelt wird. Daher erweisen sich Muskarin-Antagonisten, wie zum Beispiel das Atropin, als wirksame Bronchodilatatoren [16, 17]. Die Entwicklung quaternärer Atropinderivate hat das Interesse an muskarinischen Antagonisten weiter gesteigert. Nach inhalativer Gabe haben schon geringe Dosen dieser quaternären Verbindungen eine lokale Wirkung auf die Atemwege, ohne jedoch die typischen anticholinergen Nebenwirkungen zu zeigen wie Tachykardie oder verschwommenes Sehen [18, 19]. Auch die Erkenntnis, daß das Muskarin-System heterogen ist, hat das Interesse an den Muskarin-Rezeptoren im Respirationstrakt wieder verstärkt. Zur Zeit sind fünf Muskarin-Rezeptoren unterschiedlicher Struktur bekannt, von denen drei mittels funktioneller pharmakologischer Methoden charakterisiert worden sind [20, 21]. Die pharmakologische Differenzierung dieser Subtypen beruht im wesentlichen auf ihrer jeweils charakteristischen Affinität zu bestimmten Muskarin-Antagonisten. Die derzeitige Nomenklatur der Muskarin-Rezeptoren ist in Tabelle 1 wiedergegeben. In den Atemwegen wurden mehrere Subtypen von Muskarin-Rezeptoren identifiziert (Abb. 1), wie im folgenden erörtert wird.

Tabelle 1. Nomenklatur der Muskarin-Rezeptoren*

Pharmakologische Charakterisierung

Subtypen	M1	M2	M3
Selektive Antagonisten	Pirenzepin (+)-Telenzepin	AF-DX 16, Himbacine, Methoctramin	Hexahydrosiladifenidol 4-DAMP
	$M_1 > M_3 \geq M_2$	$M_2 > M_1 \geq M_3$	$M_3 \geq M_1 > M_2$

Molekularbiologische Charakterisierung

Subtypen	m1	m2	m3	m4	m5
Zahl der Aminosäuren	460	466	589/590	478/479	531/532

* Entnommen den Empfehlungen der internat. Nomenklaturkommission am 4. Symposium für Muskarin-Rezeptor-Subtypen (Wiesbaden 1998). Details darüber siehe Literatur 20.

Die Bedeutung der Muskarin-Rezeptoren in den Atemwegen 15

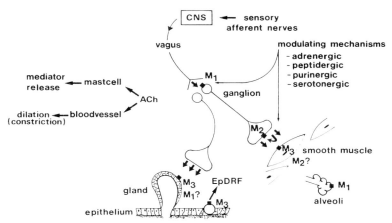

Abb. 1. Schematische Darstellung zur Lokalisation von Muskarin-Rezeptoren in den Atemwegen

Die cholinerge Innervation der Atemwege

Die cholinerge Innervierung der Atemwege zeigt eine ungleichmäßige Verteilung, nimmt gegen die Peripherie hin ab und scheint im Bereich der Alveolen zu fehlen. Die parasympathischen Ganglien liegen im Parenchym der Atemwege vornehmlich in den Bronchien. Nach der klassischen Anschauung wird die Erregungsübertragung in den Ganglien über Nikotin-Rezeptoren vermittelt. Neuerdings konnten in der Lunge des Menschen anhand von autoradiographischen Methoden auch ganglionäre Muskarin-Rezeptoren nachgewiesen werden [14]. Man nimmt an, daß diese Rezeptoren die Erregungsübertragung begünstigen und dem M_1-Subtyp zuzuordnen sind. Das Vorhandensein von M_1-Rezeptoren in den parasympathischen Ganglien konnte auch durch In-vitro- und In-vivo-Untersuchungen für das Kaninchen belegt werden [22, 23]. Bei Atopikern hatte Pirenzepin, ein selektiv wirkender M_1-Antagonist, nach inhalativer Gabe einen starken Hemmeffekt auf den durch Schwefeldioxyd vermittelten Bronchospasmus [24]. Die gleiche Dosis war jedoch wirkungslos gegenüber der durch Metacholin provozierten Bronchokonstriktion (Abb. 2). Aus diesen Befunden ergibt sich, daß die bronchospasmolytischen Effekte von Pirenzepin nicht über die M-Rezeptoren der glatten Muskulatur vermittelt werden, sondern über eine Hemmung der cholinergen Reflexbahn in den parasympathischen Ganglien zustande kommt. Das Vorhandensein von M_1-Rezeptoren in den parasympathischen Ganglien weist Speziesunterschiede auf. So sind zum Beispiel beim Meerschweinchen M_1-Rezeptoren eher in den sympathischen als in den parasympathischen Ganglien anzutreffen [25].

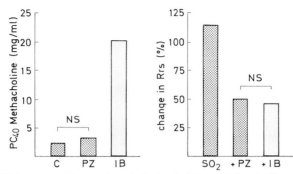

Abb. 2. Wirkung von Pirenzepin auf die durch SO_2 und Metacholin ausgelöste Bronchokonstriktionen. Pirenzepin (70 µg) wie auch Ipratropium (7 µg) hemmen die durch SO_2 ausgelöste vagale Bronchokonstruktion. Pirenzepin hat jedoch keine Effekte auf die durch Metacholin induzierte Bronchokonstriktion (entnommen aus Lit. 24)

Muskarin-Rezeptoren sind auch an cholinergen Nervenendigungen lokalisiert. Diese präsynaptischen, postganglionären Muskarin-Rezeptoren hemmen nach ihrer Stimulation die Freisetzung von Acetylcholin und bewirken damit einen „turn-off-Mechanismus". Man bezeichnet diese Art von Rezeptoren als Autorezeptoren. Sie wurden bei verschiedenen Tierarten [26, 27, 28] und beim Menschen [15] im Parenchym der Atemwege nachgewiesen. Da M_2-selektive Antagonisten wie Methoctramin und Gallamin den Autorezeptor blockieren und die in vivo durch vagale Nervstimulation und in vitro durch Feldstimulation ausgelöste Bronchokonstriktion verstärken, können diese Rezeptoren dem M_2-Subtyp zugeordnet werden. Interessant sind in diesem Zusammenhang Hinweise, daß diese Autorezeptoren bei Asthmapatienten in ihrer Funktion stark eingeschränkt sind [29].

Regulation des Tonus der glatten Muskulatur über Muskarin-Rezeptoren

In der glatten Muskulatur der Trachea finden sich verschiedene Subtypen von Muskarin-Rezeptoren [30, 31]. Es wurde gezeigt, daß diese Bindungsstellen überwiegend dem M_2-Subtyp entsprechen und nur ein kleiner Anteil zum Subtyp M_3 gehört. Aus funktionellen Untersuchungen kann jedoch geschlossen werden, daß der M_3-Subtyp stark an der durch Muskarin-Agonisten ausgelösten Kontraktion beteiligt ist. Wie in Abb. 3 dargestellt, besteht für eine große Zahl von Muskarin-Antagonisten eine signifikante Korrelation zwischen der M_3-Bindungsaffinität und den In-vitro-Effekten an der Trachea. Unklarheit besteht noch über die Funktion der M_2-Rezeptoren.

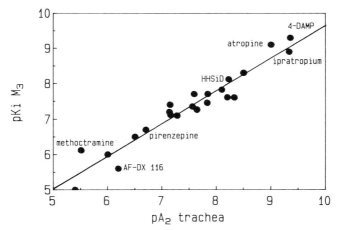

Abb. 3. Korrelation zwischen den Affinitäten funktioneller Untersuchungen (pA_2-Werte, Trachea von Meerschweinchen) und der Bindungs-Affinität an M_3-Rezeptoren diverser Muskarin-Antagonisten

Rezeptor-Bindungsuntersuchungen an humanen Lungenmembranen konnten das Vorhandensein von M-Bindungsstellen belegen [32, 33, 34]. 60% dieser Bindungsstellen werden durch den M_1-Subtyp, der Rest durch den M_3-Subtyp repräsentiert. Auch hier vermittelt, wie in Abb. 4 dargestellt, der M_3-Rezeptor die Kontraktion der glatten Muskulatur in den kleinen Atemwegen. Durch autoradiographisches Mapping der Muskarin-Rezeptoren konnte kürzlich gezeigt werden, daß selbst im Bereich der Alveolarauskleidung M_1-Rezeptoren zu finden sind [36], deren Funktion noch nicht geklärt ist.

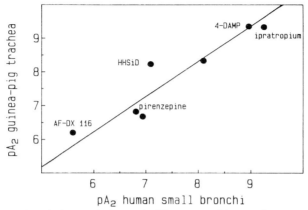

Abb. 4. Korrelation zwischen pA_2-Werten aus Untersuchungen von Meerschweinchen- Tracheen und der glatten Muskulatur peripherer Atemwege von Menschen (entnommen aus Lit. 35)

Auch im Epithel der Atemwege sind Muskarin-Rezeptoren nachgewiesen worden. Beispielsweise erhöhen sich Empfindlichkeit und die Kontraktilität nach Gabe von Muskarin-Agonisten (siehe Abb. 5) stark, wenn das Epithel geschädigt oder entfernt wurde [37, 38]. Ein spezieller Relaxationsfaktor aus Epithelzellen (Epithelium Derived Relaxing Factor = EpDRF) übernimmt hierbei eine besondere Funktion. Über eine reduzierte Freisetzung von EpDRF infolge einer Epithelschädigung läßt sich möglicherweise auch die Hyperreaktivität der Atemwege erklären [39, 40]. Die durch Acetylcholin stimulierte Freisetzung von EpDRF kann mit geringen Konzentrationen von 4-DAMP gehemmt werden, während für eine Wirkung von Pirenzepin wesentlich höhere Konzentrationen notwendig sind, woraus man eine Beteiligung von M_3-Rezeptoren schließen [41] kann.

An der Sekretion beteiligte Muskarin-Rezeptoren

Mehrere im Epithel der Atemwege vorkommenden Zelltypen sind an den Sekretionsvorgängen beteiligt. Hauptproduzent der Mukussekretion

Die Bedeutung der Muskarin-Rezeptoren in den Atemwegen

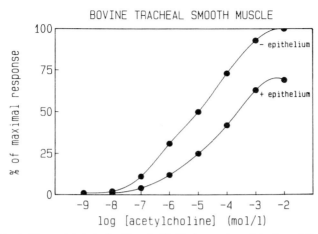

Abb. 5. Unterschiede in der Empfindlichkeit von Acetylcholin auf die Tracheal-Muskulatur bei Vorhandensein oder Fehlen des Oberflächenepithels (entnommen aus Lit. 39)

sind die gleichfalls parasympathisch innervierten submukösen Drüsen, die man in seröse und muköse Zellen unterteilt und die in Trachea und Bronchien zahlreich auftreten, in den Bronchiolen aber fehlen.

Rezeptorbindungs-Studien an submukösen Drüsen von der Trachea des Schweines [42] und autoradiographische Untersuchungen an Bronchialdrüsen des Menschen [36] belegen das Vorhandensein sowohl von M_1- als auch von M_3-Rezeptoren. Daraus könnte man die Vermutung ableiten, daß seröse und muköse Zellen über unterschiedliche Rezeptoren reguliert werden. Dafür spricht beispielsweise, daß eine Aktivierung der M_1-Rezeptoren mit einem Chlorid-Einstrom gekoppelt ist, der den Transport von Wasser aus den Drüsen fördert (seröse Sekretion), während die Aktivierung der M_3-Rezeptoren eine muköse Sekretion auslöst [43]. In einer Reihe weiterer funktioneller Untersuchungen wird belegt, daß an der mukösen Sekretion die M_3-Rezeptoren beteiligt sind [44]. Pirenzepin nimmt bezüglich seiner Affinität zu den Rezeptoren der submukösen Drüsen eine Zwischenstellung ein, dies ist ein weiterer Hinweis für die Beteiligung von M_1- und von M_3-Rezeptoren.

Zusammenfassung

Im Parenchym der Atemwege und der Lunge wurden unterschiedliche Muskarin-Rezeptor-Subtypen nachgewiesen (siehe Abb. 1). Die meisten Untersuchungen konzentrierten sich auf solche Muskarin-Rezeptoren, die an der cholinerg-nervalen Kontrolle der glatten Atemwegsmuskulatur und an der Schleimsekretion beteiligt sind.

Es liegen darüber hinaus Befunde vor, wonach die Stimulation von Muskarin-Rezeptoren die Freisetzung von Mediatoren aus den Mastzellen verstärkt und zu einer Dilatation der Lungenarterien führt. Aber trotz dieser Kenntnisse ist die Natur und die (patho)physiologische Bedeutung dieser Rezeptoren noch nicht ausreichend untersucht.

Die bisher vorliegenden Ergebnisse zur Funktion der Muskarin-Rezeptoren sowie der Lokalisation der einzelnen Subtypen sind von besonderem klinischen Interesse. Beispielsweise ist es denkbar, daß selektive M_3-Antagonisten eine höhere broncholytische Wirkung besitzen als die bisher eingesetzten nicht-selektiven Antagonisten, da M_3-Antagonisten eine Freisetzung von Acetylcholin durch Blockade präsynaptischer M_2-Rezeptoren („Autorezeptoren") nicht fördern. Darüber hinaus könnten sich Verbindungen, die nur die muköse Sekretion hemmen, ohne die Aktivität der serösen Zellen zu beeinflussen, bei Patienten mit chronischer Bronchitis als günstig erweisen.

Man darf dabei aber nicht außer acht lassen, daß es mindestens fünf verschiedene Muskarin-Rezeptor-Subtypen unterschiedlicher Struktur gibt. Da derzeit nur drei Subtypen (M_1, M_2 und M_3) ausreichend pharmakologisch charakterisiert sind, ist es nicht auszuschließen, daß in den Atemwegen auch noch m_4- oder m_5-Rezeptoren gefunden werden. Es gibt bereits Hinweise, daß in den peripheren Atemwegen des Kaninchens Muskarin-Rezeptoren vom Typus m_4 vorhanden sind [20].

Die Beantwortung der Frage, ob eines Tages neue antimuskarinische Wirkprinzipien tatsächlich die Behandlung von Atemwegserkrankungen entscheidend verändern, hängt ganz von der Auffindung und Entwicklung hinreichend selektiver Antagonisten ab.

Literatur

1. Barnes PJ (1986) Neural control of human airways in health and disease. Am Rev Respir Dis 134: 1289–1314
2. Gross NJ, Skorodin MS (1984) Anticholinergic, antimuscarinic bronchodilators. Am Rev Respir Dis 129: 856–870
3. Gross NJ (1988) Cholinergic control. In: Barnes PJ, Rodger IW, Thomson NC (eds) Asthma: Basic mechanisms and clinical management. Academic Press, London, pp 381–394
4. Van Koppen CJ, Rodrigues de Miranda JF, Beld AJ, Hermanussen MW, Lammers JWJ, van Ginneken CAM (1985) Characterization of the muscarinic receptor in human tracheal smooth muscle. Naunyn-Schmiedeberg's Arch Pharmacol 331: 247–252
5. Barnes PJ, Nadel JA, Roberts JM, Basbaum CB (1983) Muscarinic receptors in lung and trachea: autoradiographic localization using ^{3}H-Quinuclidinyl benzilate. Eur J Pharmacol 86:103–106
6. Basbaum CB, Barnes PJ, Grillo M, Widdicombe JH, Nadel JA (1983) Adrenergic and cholinergic receptors in submucosal glands of the ferret trachea: autoradiographic localization. Eur J Respir Dis 64: 433–435
7. Nadel JA (1981) Regulation of fluid and mucous secretion in airways. J Allergy Clin Imunol 67: 417–420
8. Madison JM, Jones CA, Tom-Moy M, Brown JR (1985) Characterization of muscarinic cholinergic receptor subtypes in bovine airway smooth muscle and epithelium. Am Rev Respir Dis 131: 281–287
9. Guc MO, Ilhan M, Kayaalp SO (1988) Epithelium-dependent relaxation of guinea-pig tracheal smooth muscle by carbachol. Arch Int Pharmacodyn 294: 241–247
10. Kaliner M, Orange RP, Austen KF (1972) Immunologic release of histamine and slow reacting substance of anaphylaxis from human lung. IV. Enhancement by cholinergic and alpha-adrenergic stimulation. J Exp Med 136: 556–567
11. Morr H (1979) Immunological release of histamine from human lung. II. Studies on acetylcholine and the anticholinergic agent ipratropium bromide. Respiration 38: 273–279
12. McCormack DG, Mak ICW, Minette PA, Barnes PJ (1988) Muscarinic receptor subtypes mediating vasodilation in the pulmonary artery. Eur J Pharmacol 158: 293–297
13. Tracey WR, Alexander DI, Eyre P, Singh A (1983) Cholinergic properties of the bronchial artery and contribution of the endothelium. Artery 12: 244–262
14. Van Koppen CJ, Blankesteijn WM, Klaassen ABM, Rodrigues de Miranda JF, Beld AJ, van Ginneken CAM (1987) Autoradiographic visualization of muscarinic receptors in human bronchi. J Pharmacol Exp Ther 244: 760–764
15. Minette PA, Barnes PJ (1988) Prejunctional inhibitory muscarinic receptors on cholinergic nerves in human and guinea-pig airways. J Appl Physiol 64: 252–253

16. Allen CJ, Campbell AH (1980) Comparison of inhaled atropine sulfate and atropine methonitrate. Thorax 35: 932–935
17. Cavanaugh MJ, Cooper DM (1976) Inhaled atropine sulfate dose response characteristics. Am Rev Respir Dis 114: 517–524
18. Lichterfeld A (1979) Safety of atrovent. Scand J Respir Dis 103 [Suppl]: 143–146
19. Thomson NC (1988) Anticholinergic drugs. In: Barnes PJ, Rodger IW, Thomason NC (eds) Asthma: Basic mechanisms and clinical management. Academic Press, London, pp 591–606
20. Hulme EC, Birdsall NJM, Buckley NJ (1990) Muscarinic receptor subtypes. Ann Rev Pharmacol Toxicol 30: 633–673
21. Doods HN, Mathy M-J, Davidesko D, van Charldorp K, de Jonge A, van Zwieten PA (1987) Selectivity of muscarinic antagonists in radioligand and in vivo experiments for the putative M_1, M_2 and M_3-receptors. J Pharmacol Exp Ther 242: 257–262
22. Bloom JW, Baumgartner-Folkerts C, Palmer JD, Yamamura HI, Halonen M (1988) A muscarinic receptor subtype modulates vagally stimulated bronchial contraction. J Appl Physiol 65: 2144–2150
23. Bloom JW, Yamamura HI, Baumgartner C, Halonen M (1987) A muscarinic receptor with high affinity for pirenzepine mediates vagally induced bronchoconstriction. Eur J Pharmacol 133: 21–27
24. Lammers JW, Minette PA, McCusker M, Barnes PJ (1989) The role of pirenzepine sensitive (M_1) muscarinic receptors in vagally mediated bronchoconstriction in humans. Am Rev Respir Dis 139: 446–449
25. Maclagan J, Fryer AD, Faulkner D (1989) Identification of M_1-muscarinic receptors in pulmonary sympathetic nerves in the guinea-pig by use of pirenzepine. Br J Pharmacol 97: 499–505
26. Fryer AD, Maclagan J (1984) Muscarinic inhibitory receptors in pulmonary parasympathetic nerves in the guinea-pig. Br J Pharmacol 83: 973–978
27. Ito Y, Yoshitomi T (1988) Autoregulation of acetylcholine release from vagus nerve terminals through activation of muscarinic receptors in dog trachea. Br J Pharmacol 93: 636–646
28. Blaber LC, Fryer AD, Maclagen J (1988) Neuronal muscarinic receptors attenuate vagally-induced contraction of feline bronchial smooth muscle. Br J Pharmacol 86: 724–728
29. Minette P, Lammers J-W, Barnes PJ (1989) Is there a defect of inhibitory muscarinic receptors in asthma? Am Rev Respir Dis 137: 239
30. Roffel AF, Elzinga CRS, van Amsterdam RGM, de Zeeuw RA, Zaagsma J (1988) Muscarinic M_2-receptors in bovine tracheal smooth muscle: discrepancies between binding and function. Eur J Pharmacol 253: 73–82
31. Roffel AF (1990) Muscarinic receptor subtypes in airway smooth muscle. PhD thesis, University of Groningen
32. Mak JCW, Barnes PJ (1989) Muscarinic receptor subtypes in human and guinea-pig lung. Eur J Pharmacol 164: 223–230
33. Bloom JW, Halonen M, Yamamura HI (1988) Characterization of muscarinic

cholinergic receptor subtypes in human peripheral lung. J Pharmacol Exp Ther 244: 625–632
34. Gies J-P, Betrand C, Vanderheyden P, Waeldele F, Dumont P, Pauli G, Landry Y (1989) Characterization of muscarinic receptors in human, guinea-pig and rat lung. J Pharmacol Exp Ther 250: 309–315
35. Roffel AF, Elzinga CRS, Zaagsma J (1990) Muscarinic M_3-receptors mediate contraction of human central and peripheral airway smooth muscle. Pulmon Pharmacol 3: 47–51
36. Mak JCW, Barnes PJ (1989) Autoradiographic visualization of muscarinic receptor subtypes in human and guinea-pig lung. Am Rev Respir Dis 4 [Suppl]: A 74
37. Barnes PJ, Cuss FM, Palmer JB (1985) The effect of airway epithelium on smooth muscle contractility in bovine trachea. Br J Pharmacol 86: 685–691
38. Flavahan NA, Aarhus LL, Rimele TJ, Vanhoutte PM (1985) The respiratory epithelium inhibits smooth muscle tone. J Appl Physiol 58:834–838
39. Vanhoutte PM (1988) Epithelium-derived relaxing factor(s) and bronchial reactivity. Am Rev Respir Dis 138: 24–30
40. Fedan JS, Hay DWP, Farmer SG, Raeburn D (1988) Epithelial cells: Modulation of airway muscle reactivity. In: Barnes PJ, Rodger IW, Thomson NC (eds) Asthma: Basic mechanisms and clinical management. Academic Press, London, pp 143–162
41. Orer HS, Guc MO, Rezaki YE, Ilhan M, Kayaalp SO (1990) Antagonism of acetylcholine action in guinea-pig tracheal smooth muscle and epithelium by pirenzepine, 4-DAMP and atropine. Arch Int Pharmacodyn Ther 305: 45–54
42. Yang CM, Farley JM, Dwyer TM (1988) Muscarinic stimulation of submucosal glands in swine trachea. J Appl Physiol 64: 200–209
43. Yang CM, Farley JM, Dwyer TM (1988) Acetylcholine-stimulated chloride flux in tracheal submucosal gland cells. J Appl Physiol 65: 1891–1894
44. Gater PR, Alabaster VA, Piper I (1989) A study of the muscarinic receptor subtype mediating mucus secretion in the cat trachea in vitro. Pulmon Pharmacol 2: 87–92

Korrespondenz: Dr. H. N. Doods und Dr. H. Ziegler, A Preklinische Forschung, Dr. Karl Thomae GmbH, Postfach 1755, D-W-7950 Biberach 1, Bundesrepublik Deutschland.

Interaktion von Vagus und Sympathikus im Tracheo-Bronchialsystem

M. *Kneußl*

Kardiologische Universitätsklinik Wien und Klinische Abteilung für Pulmologie, Universitätsklinik Innere Medizin IV

Zusammenfassung

Die Regulation der glatten Atemwegsmuskulatur ist speziesverschieden. Die gemeinsame embyologische Entstehung von Lunge und Darm erklärt die Tatsache, daß Morphologie und Funktion der Nerven, Ganglien, glatten Muskelzellen und Rezeptoren ähnlich bzw. gleich der des Sastrointestinaltraktes ist. Die glatte Muskulatur und die Innervation des Tracheobronchialsystems hat folgende anatomische, morphologische und funktionelle Charakteristika: Cholinerge exzitatorische Nerven und non-adrenerge, non-cholinerge (NANC) inhibitorische Nerven sowie non-cholinerge, non-adrenerge exzitatorische Nerven, dafür aber keine adrenergen Nerven. Ferner eine dem Gastrointestinaltrakt ähnliche Ultrastruktur der Ganglien, Zellverbindungen der glatten Muskelzellen vom Nexustyp sowie eine mögliche spontane, myogene Aktivität, β_2-Rezeptoren mit inhibitorischer Wirkung α_1-Rezeptoren mit exzitatorischer Wirkung. Im Hinblick auf die Pathogenese chronisch-obstruktiver Atemwegserkrankungen dürften die sensorischen, non-adrenergen und non-cholinergen exzitatorischen Nerven eine Rolle spielen, die jedoch nicht ganz geklärt ist. Neuropeptide, im speziellen Tachykinine, wie Substance P dürften eine wichtige Mediatorfunktion haben und für eine neurogene Entzündungsreaktion verantwortlich sein.

Daraus könnten sich neue therapeutische Ansätze ergeben, deren Ziel es sein sollte, die Neurotransmitter der non-adrenergen, non-cholinergen exzitatorischen Nerven zu inaktivieren und deren Reaktion – im besonderen die neurogene Entzündung – zu unterdrücken und VIP und verwandte Neuropeptide zu aktivieren und vermehrt verfügbar zu machen, um das notwendige Gleichgewicht zwischen exzitatorischen Mechanismen und inhibitorischen Mechanismen wieder herzustellen.

Einleitung

Die Innervation der Lunge, im besonderen der menschlichen Atemwege ist für die chronische Atemflußbehinderung (chronic airflow limitation – CAL) von großer Bedeutung. Der anatomische Verlauf der Nervenfasern ist schon lange bekannt und gut dokumentiert [1, 2], deren physiologische und pathophysiologische Mechanismen erfuhren jedoch in den letzten 15 Jahren eine neue Orientierung. Der Vagus und Fasern von den oberen vier bis fünf thorakalen sympathischen Ganglien bilden den vorderen und hinteren Plexus im Hilus, von wo die zwei Hauptnervenbahnen entspringen: der peribronchiale und periarterielle Plexus. Der peribronchiale Plexus teilt sich in einen extrachondrialen Plexus, der außerhalb des Knorpels verläuft, und einen subchondrialen Plexus, der zwischen Knorpel und Epithel verläuft. Ganglienzellen sind entlang dem peribronchialen Plexus bis zu den kleinen Atemwegen (Durchmesser <2 mm) verstreut und sind hauptsächlich außerhalb des Knorpels lokalisiert. Nerven versorgen nicht nur die Atemwege bis hinunter zu den Bronchioli respiratorii, sondern auch die Bronchialgefäße [3].

Außer der Regulation des Tonus der glatten Atemwegsmuskulatur beeinflußt das autonome Nervensystem die Sekretion der Drüsen und der Submucosa, den Flüssigkeitstransport durch das Atemwegsepithel, die Permeabilität und den Blutfluß im Bronchialkreislauf sowie die Freisetzung von Mediatoren aus Entzündungszellen [4]. Die Innervation der Atemwege ist im gesamten noch ungenügend erfaßt [5]. Außerhalb den klassischen cholinergen und adrenergen Mechanismen existiert eine dritte Komponente des autonomen Nervensystems, die weder cholinerg noch adrenerg ist und deren Übertragersubstanz möglicherweise ein oder mehrere Neuropetide sind [6, 7].

Innervation der glatten Atemwegsmuskulatur

Morphologisch verlaufen die Nerven in Bündeln in der Mucosa, zwischen Epithel und glatter Muskulatur oder zwischen Epithel und Knorpel. In den großen Atemwegen (Trachea, Bronchien) verlaufen die Nerven in der Adventitia. Sehr selten findet man Nerven in der unmittelbaren Nähe von ganz bestimmten Atemwegsstrukturen wie Drüsen, glatter Muskulatur oder Blutgefäßen bzw. finden sich Synapsen in der Nähe von „Effector"-Zellen im jeweiligen Erfolgsorgan. Diese Anordnung ist jedoch für das autonome Nervensystem charkteristisch, in dem Mediatoren aus Bläschen entlang eines motorischen Nerven freigesetzt werden und weiter zum Erfolgsorgan diffundieren (Abb. 1, Abb. 2).

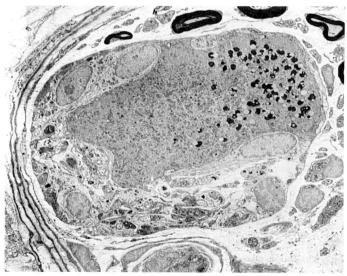

Abb. 1. Elektronenmikroskopischer Querschnitt eines Neurons umgeben von Bindegewebe in der glatten Trachealmuskulatur. Man erkennt kleine agranuläre Vesikeln, die Acetylcholin enthalten (cholinerg) und große opaque granuläre Vesikeln, die ein oder mehrere Peptide enthalten (non-adrenerg, non-cholinerg, NANC, peptiderg, p-type), aber fast keine kleinen granulären Vesikeln, die Noradrenalin enthalten (adrenerg); daneben verlaufen Blutgefäße

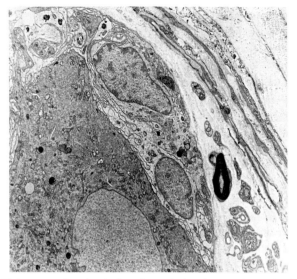

Abb. 2. Elektronenmikroskopischer Querschnitt eines peribronchealen Ganglions, welches ein Neuron und Schwannsche Zellen enthält; es fehlt jegliches Bindegewebe, ebenso findet man kein Kollagen und keine Blutgefäße innerhalb der Gangliensubstanz

Cholinerge Nerven

In der glatten Atemwegsmuskulatur des Menschen finden sich sehr viele kleine agranuläre Vesikeln, die mit größter Wahrscheinlichkeit Acetylcholin enthalten (Abb. 1) [5, 8, 9]. Deshalb ist die Mehrheit der motorischen Nerven cholinerg. Es muß jedoch festgehalten werden, daß es keine direkten Beweise gibt, daß diese kleinen agranulären Vesikeln Acetylcholin enthalten. Dieselben Nerven enthalten auch eine relativ große Anzahl von großen granulären Vesikeln, deren Größe und Zahl jedoch variiert. Es gibt immer mehr Anhaltspunkte, daß zumindest einige von diesen Vesikseln Neuropeptide enthalten, möglicherweise in Koexistenz mit Acetylcholin (Abb. 3). Ebenso gibt es histochemische Nachweise für Acetylcholinesterase in der Submucosa, in der glatten Muskulatur der Trachea und der Bronchien bis hinunter zu den terminalen Bronchiolen. Neben diesen morphologischen Untersuchungen und Nachweisen gibt es physiologische Beweise, daß die glatte Atemwegs-

Interaktion von Vagus und Sympathikus im Tracheo-Bronchialsystem 29

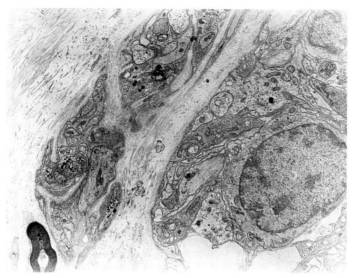

Abb. 3. Elektronenmikroskopischer Querschnitt mehrerer peribronchialer Ganglien mit Neuronen und Schwannschen Zellen. Auffallend die großen opaquen granulären Vesikeln, die ein oder mehrere Peptide enthalten (NANC-inhibitorische Nerven)

muskulatur des Menschen unter starker cholinerger exzitatorischer Kontrolle steht [4, 10, 11, 12, 13].

Sympathische Nerven

Nervenfasern, die Katecholamine enthalten, wurden in der glatten Atemwegsmuskulatur von verschiedenen Spezies gefunden [14], jedoch nicht beim Menschen [14, 15]. Lediglich in einer rezenten Studie, die von der Arbeitsgruppe um Laitinen durchgeführt wurde, konnten Nervenfasern, die Katecholamine enthalten, in der glatten Muskulatur von Lappenbronchien bis zu den terminalen Bronchiolen beim Menschen gefunden werden [16]. Die Anzahl der adrenergen Nerven ist jedoch verglichen mit der Zahl von Acetylcholinesterase enthaltenden Fasern viel geringer und stellen nur einen kleinen Prozentsatz der Innervation der glatten Muskulatur dar [16]. In elektronenmikroskopischen Untersuchungen kann ebenso lediglich eine ganz geringe Menge von kleinen granulären

Vesikeln mit einem Durchmesser von 30 bis 50 nm, die für adrenerge Nerven charakteristisch sind, gefunden werden (Abb. 1) [17].

Non-adrenerge, non-cholinerge (NANC) inhibitorische Nerven

Die Existenz eines Nervensystems, welches weder adrenerg noch cholinerg ist, wurde im Gastrointestinaltrakt bereits vor vielen Jahren von Burnstock nachgewiesen. Non-adrenerge non-cholinerge (NANC-)Nerven regulieren die Darmmotilität und die Drüsensekretion im Darm bei Wirbeltieren vom Fisch bis zum Menschen [5]. Das Vorhandensein von NANC-Nerven bei primitiven Wirbeltieren zeigt, daß sich dieses Nervensystem in der Evolution bereits sehr früh entwickelte. Der Tracheobronchialbaum entsteht entwicklungsgeschichtlich aus dem Vorderdarm; aus dem ventralen Abschnitt entsteht der Respirationstrakt, aus dem dorsalen der Gastrointestinaltrakt. Diese gemeinsame embryologische Entwicklung erklärt die Tatsache, daß die glatte Muskulatur und die Innervation der Atemwege ähnlich bzw. gleich der des Gastrointestinaltraktes ist. Es ist daher nicht überraschend, daß NANC-Nerven auch in der Lunge zu finden sind. Das NANC-Nervensystem entwickelt sich in Verbindung mit dem cholinergen System, und beide Systeme sind vor der Entwicklung von adrenergen Nerven in Funktion. Sowohl die cholinergen Nervenfasern, als auch die NANC-Fasern verlaufen im Vagus. Morphologisch handelt es sich aber um verschiedene Fasern mit gegensätzlicher physiologischer Funktion und mit verschiedenen Neurotransmittern. Richardson hat 1976 das non-adrenerge inhibitorische System in der menschlichen Lunge beschrieben: Eine elektrische Stimulation von Muskelstreifen von Tracheal- und Bronchialmuskulatur bewirkte in Anwesenheit eines Parasympatholytikums (Atropin) und eines βblokkers (Propanolol) eine Relaxation [15]. Dies ist auch der Beweis dafür, daß das funktionell dominante inhibitorische System in den menschlichen Atemwegen **nicht** adrenerg ist. Rezente immunhistochemische Untersuchungen von Neuropeptiden zeigten, daß Vasoaktives Intestinales Polypeptid (VIP) enthaltende Nervenfasern in der glatten Atemwegsmuskulatur enthalten sind, deren Dichte die der adrenergen Nervenfasern beim Menschen weit überschreitet [18]. VIP besitzt die Eigenschaft eines Neurotransmitters mit starker relaxierender Wirkung der glatten Muskulatur und ist somit wahrscheinlich hauptverantwortlich für die

Interaktion von Vagus und Sympathikus im Tracheo-Bronchialsystem 31

neuronal bedingte Muskelrelaxation der Atemwege. Deshalb nennt man diese VIP enthaltenden Nervenfasern peptiderge (p-type) oder VIP-erge Nerven [19, 20].

Elektronenmikroskopische Untersuchungen zeigten, daß neben kleineren agranulären Vesikeln, die Acetylcholin enthalten (cholinerg), große opaque granuläre Vesikeln (non-adrenerg, non-cholinerg, NANC) vorhanden sind, aber nur wenige kleine granuläre Vesikeln (adrenerg) (Abb. 1) [21, 22, 23]. Diese großen opaquen granulären Vesikeln haben einen Durchmesser von 90 bis 210 nm und lassen sich somit von den kleinen granulären Vesikeln mit einem Durchmesser von nur 30 bis 50 nm, die für adrenerge Fasern charakteristisch sind, leicht unterscheiden (Abb. 3, Abb. 4) [17, 18, 21, 22]. Das Verhältnis von kleinen agranulären zu großen granulären Vesikeln variiert zwischen den einzelnen Nervenquerschnitten, und der Durchmesser der großen granulären Vesikeln ist ebenso verschieden und variiert auch mit dem Durchmesser der Nervenfasern (Abb. 1, Abb. 3–5) [17, 18, 22].

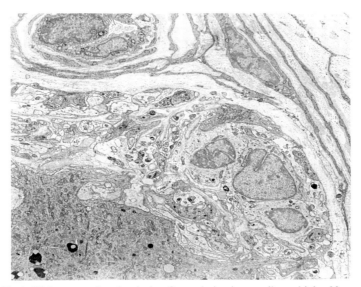

Abb. 4. Elektronenmikroskopischer Querschnitt eines peribronchialen Neurons mit großen opaquen granulären und verschieden großen agranulären Vesikeln

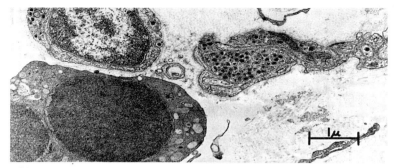

Abb. 5. Elektronenmikroskopischer Querschnitt der glatten Trachealmuskulatur innerhalb des Bindegewebes. Auffallend große opaque granuläre Vesikeln (NANC) und kleinere agranuläre Vesikeln (cholinerg). Die Nervenfasern verlaufen neben Blutgefäßen

Es läßt sich noch nicht genau sagen, ob eigene VIP enthaltende Nerven und/oder andere Neurotransmitter enthaltende Nervenfasern existieren. Neurone mit verschieden großen Vesikeln finden sich in mehreren Organen. Die Größe und Anzahl der Vesikeln in Nerven korreliert mit Immunelektronenmikroskopie und/oder konventioneller Elektronenmikroskopie, hängt aber auch von der jeweiligen Technik ab [20].

Non-adrenerge, non-cholinerge (NANC) exzitatorische Nerven

Neben einer non-cholinergen, non-adrenergen inhibitorischen Nervenverbindung in der glatten Atemwegsmuskulatur gibt es seit kurzer Zeit Hinweise für die Existenz einer non-adrenergen, non-cholinergen (NANC) **exzitatorischen** Verbindung, deren Bedeutung noch nicht ganz klar zu sein scheint. Diese non-adrenergen, non-cholinergen exzitatorischen Nerven stellen eine Verbindung zwischen afferenten Nerven, die ihren Ursprung von den Irritant-Rezeptoren im Epithel des Atemwegslumen nehmen, und der glatten Muskulatur dar, d. h., sie schließen das **sensorische** Nervensystem in die Regulation der Atemwege mit ein [23].

Diese Nerven enthalten eine neue Klasse von Molekülen, die *Tachykinine*. Der bekannteste und am besten charakterisierte Vertreter der Tachykinine ist **Substance P** [24, 25, 26]. Chemische Substanzen, Staub und andere Reizstoffe stimulieren diese sensorischen Nerven und setzen Substance P – den wahrscheinlichen Neurotransmitter dieses non-adrenergen, non-cholinergen exzitatorischen Systems – und verwandte Neuropeptide frei. Diese Neuropeptide haben die einzigartige Fähigkeit, auf verschiedenste Zellstrukturen in den Atemwegen zu wirken und auf diese Weise eine Reihe von verschiedenen Reaktionen hervorzurufen. Substance P hat eine starke entzündliche Wirkung einschließlich erhöhter vaskulärer Permeabilität [27, 28, 29, 30], neutrophiler Adhäsion [30], Vasodilatation [31] und Degranulation von Mastzellen [32]. Weiters bewirkt Substance P eine vermehrte Schleimsekretion der submukösen Drüsen [25], den Ionentransport [33, 34], die Kontraktion der glatten Muskulatur [35, 26, 37], die cholinerge Nervenübertragung [38] und Husten [39, 40]. Diese verschiedenen Wirkungen sind der Beweis, daß Tachykinine in den sensorischen, afferenten Nerven starke Mediatoren darstellen und eine Vielzahl von Reaktionen in den Atemwegen auslösen. Diese Reaktionsserie wird **„neurogene Entzündung"** genannt und ist für die verschiedenen Manifestationen des Asthma bronchiale und anderer entzündlicher Erkrankungen der Atemwege und der Lunge verantwortlich (Abb. 6).

Die Freisetzung von Substance P und anderer Tachykinine sowie anderer Peptide (z. B. Calcitonin – gene – related peptide, CGRP) wird durch antidrome elektrische Stimulation des Nervus vagus und durch chemische Stimulation mit Capsaicin erreicht [23].

Im gesamten menschlichen Körper werden Reaktionen auf freigesetzte Neurotransmitter durch Enzyme, die diese Mediatoren inaktivieren, limitiert. Wie Acetylcholin durch Acetylcholinesterase inaktiviert wird, so werden Substance P und andere Tachykinine durch verschiedene Enzyme inaktiviert: Neutral Endopeptitase (NEP), auch Encephalinase (ECE) bezeichnet [41, 42], Kininase II [41, 43], Serinproteasen [44, 45], Mastzellchymase [46] und möglicherweise Acetylcholinesterase [47, 48] selbst. Dadurch werden die normal eher leichten und möglicherweise sogar in einer gewissen Weise natürlich protektiven neurogenen Entzündungsreaktionen abgeschwächt (Abb. 5). Die Wirkung von Neuroendopeptidase unterliegt einem autokrinen Enzymmechanismus, d. h., dieses Enzym reguliert die Aktivität des freigesetzten Mediators am jeweiligen Rezeptor einer bestimmten Erfolgsorganzelle je nach Verfügbarkeit des Neuropeptides. Es hat somit eine neu entdeckte, einzigartige Wirkung [23].

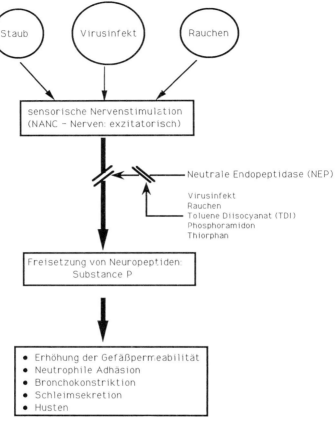

Abb. 6. Schema der neurogenen Entzündung und Beeinflussung durch neutrale Endopeptidase (NEP). Staub, Rauchen, Virusinfekte und andere Reize führen zu einer sensorischen Nervenstimulation; non-adrenerge, non-cholinerge exzitatorische, afferente Fasern werden stimuliert und setzen Neuropeptide (z. B. Substance P) frei, die in bestimmte Erfolgszellen diffundieren und eine bestimmte Gewebsreaktion erzeugen: „die neurogene Entzündung". Neutrale Endopepsidase, ein Enzym, wirkt protektiv und inaktiviert Neuropeptide, um diese Reaktion zu hemmen. Verschiedene Substanzen, Rauchen und Virusinfekte aktivieren NEP und verhindern so die protektive Wirkung und fördern die neurogene Entzündung

Eine pharmakologische Hemmung von NEP kann durch Thiorphan und Phosphoramidon erreicht werden, dadurch wird die das Neuropeptid inaktivierende Wirkung des Enzyms abgeschwächt bzw. aufgehoben und die neurogenen Entzündungsreaktionen aktiviert und verstärkt (Abb. 6) [23].

Eine akute oder chronische respiratorische Virusinfektion, Rauchen oder die Inhalation von Schadstoffen, wie z. B. Toluene-Diisozyanat (TDI), haben einen ähnlichen Effekt und tragen durch einen derartigen pathophysiologischen Mechanismus wesentlich zur chronischen Atemflußbehinderung und zu Asthma bronchiale bei (Abb. 5) [23].

Bronchialdrüsen

Physiologische Untersuchungen zeigten, daß die dominante Innervation der submukösen Drüsen cholinerg und parasympathisch ist. Es spielt jedoch auch das adrenerge sympathische System und wahrscheinlich das non-adrenerge, non-cholinerg (NANC-)System eine gewisse Rolle.

Die **neurale Regulation der menschlichen Atemwege** ist komplex und stellt wahrscheinlich die Grundlage für die Hyperreaktivität und die akute und chronische Bronchokonstriktion wie beim Asthma bronchiale dar. Dabei spielen sowohl Nerven, Rezeptoren als auch die intrinsische Aktivität der glatten Muskulatur eine bestimmte Rolle. Der Defekt kann im cholinergen System, im adrenergen System (β-Rezeptoren, α-Rezeptoren) und möglicherweise im non-cholinergen non-adrenergen System liegen [51, 52, 53, 54]. Normalerweise besteht ein Gleichgewicht zwischen exzitatorischen und inhibitorischen Mechanismen, die einen bestimmten Bronchialtonus gewährleisten und so eine normale Ventilation garantieren [15, 52].

Bei Überwiegen des exzitatorischen Systems oder bei Aktivitätsverlust des inhibitorischen Systems – sei es durch einen angeborenen oder erworbenen Defekt – kommt es zu einer Störung des Gleichgewichts, und diese Störung führt zu einer erhöhten Reaktionslage, zu bronchialer Hyperreaktivität und zu Bronchospasmus.

Es gibt sehr überzeugende Untersuchungen, daß die Entzündung bei der Pathogenese des Asthma bronchiale eine Schlüsselrolle spielt. Besondere Bedeutung kommt dabei der Interaktion neuraler Mechanismen mit Entzündungsmechanismen zu, im speziellen die neurogene Entzündungsreaktion durch Stimulation der afferenten, sensorischen non-cholinergen, non-adrenergen exzitatorischen Nerven, ausgelöst durch einen akuten respiratorischen Virusinfekt, durch Rauchen oder durch Inhalation anderer Schadstoffe [23].

Zusammenfassung

Die Regulation des Tracheobronchialsystems hängt von einer Reihe anatomischer Strukturen und biochemischer Funktionen ab. Eine normale Ventilation wird durch ein optimales Zusammenspiel exzitatorischer und inhibitorischer Systeme garantiert. Die Interaktion von Vagus und Sympathikus ist ein Teil dieses Systems, das vor allem für den Tonus der glatten Atemwegsmuskulatur, für die Schleimsekretion und für das Gefäßsystem verantwortlich ist [53]. Cholinerge exzitatorische Nerven, non-adrenerge, noncholinerge inhibitorische Nerven (efferent), non-adrenerge, non-cholinerge exzitatorische Nerven (sensorisch, afferent: Verbindung zwischen Irritant-Rezeptoren, Epithel und glatter Muskulatur), keine inhibitorischen postganglionären adrenergen Nerven – wie bisher angenommen –, β_2-Rezeptoren mit inhibitorischer Wirkung und α_1-Rezeptoren mit exzitatorischer Wirkung sind morphologisch und funktionell für die glatte Atemwegsmuskulatur von besonderer Bedeutung, stehen untereinander im Gleichgewicht und halten einen bestimmten Tonus aufrecht, um einen möglichst geringen Atemwegswiderstand für eine ausgewogene Inspiration und Exspiration zu ermöglichen (Abb. 7) [55].

Weitere wissenschaftliche Untersuchungen der Atemwege in Hinblick auf deren Regulation und im weiteren Sinn auf die Pathogenese chronisch-obstruktiver Atemwegserkrankungen sollten sich auf die Neurotransmitter der non-adrenergen, non-cholinergen Nerven konzentrieren. Vor allem die Rolle der sensorischen non-adrenergen und non-cholinergen exzitatorischen Nerven scheint noch unklar zu sein. Neuropeptide, im speziellen Tachykinine, wie Substance P dürften eine wichtige Mediatorfunktion haben und für eine neurogene Entzündungsreaktion verantwortlich sein [23].

Diese neurogene Entzündungsreaktion dürfte physiologisch sein und eine protektive Wirkung haben. Die Schleimsekretion, der Ionentransport, vor allem Chlorionen und in der Folge der Wassertransport in Richtung Tracheobronchiallumen sowie andere wichtige Mechanismen, wie die neutrophile Adhäsion, eine erhöhte Gefäßpermeabilität und vor allem Husten dürften damit direkt in Verbindung stehen. Vielleicht oder

Interaktion von Vagus und Sympathikus im Tracheo-Bronchialsystem 37

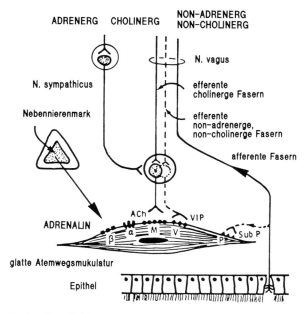

Abb. 7. Innervation und Rezeptoren der glatten Atemwegsmuskulatur: die drei Komponenten des autonomen Nervensystems. Die Bedeutung eines non-cholinergen exzitatorischen Systems mit der Überträgersubstanz Substance P ist noch nicht zur Gänze geklärt. Spezifische Rezeptoren, an denen die Neurotransmitter an der glatten Muskelzelle wirken: β = β-adrenerge, α = α-adrenerge, M = Muskarin-cholinerge, V = VIP-erge, P = Substance P- Rezeptoren, Ach = Acetylcholin

wahrscheinlich sind jedoch eine Vielzahl von verschiedenen Mediatoren in diesem Prozeß involviert, und möglicherweise besteht zwischen ihnen eine Interaktion. Daraus könnten sich neue therapeutische Ansätze ergeben, deren Ziel es sein sollte, die Neurotransmitter der non-adrenergen, non-cholinergen exzitatorischen Nerven zu inaktivieren und deren Reaktion – im besonderen die neurogene Entzündung – zu unterdrücken und die Neurotransmitter der non-adrenergen, non-cholinergen inhibitorischen Nerven und vor allem VIP [56] und verwandte Neuropeptide [57] zu aktivieren und vermehrt verfügbar zu machen, um das notwendige Gleichgewicht zwischen exzitatorischen Mechanismen und inhibitorischen Mechanismen wiederherzustellen.

Der Autor dankt Fr. Ingrid Lackinger und Fr. Edith Laichmann für die hervorragende Ausarbeitung des Manuskriptes und Herrn Dr. Michael Gottsauner-Wolf für die Hilfe der Erstellung der Abb. 6.

Literatur

1. Larsell G, Dow LS (1933) The innervation of the human lung. Am J Anat 52: 125–146
2. Gaylor JB (1934) The intrinsic nervous mechanism of the human lung. Brain 57: 143–160
3. Spencer H, Leof D (1964) The innervation of the human lung. J Anat 98: 599–609
4. Nadel JA, Barnes PJ (1984) Autonomic regulation of the airways. Ann Rev Med 35: 451–467
5. Richardson JB (1979) Nerve supply to the lungs. Am Rev Respir Dis 199: 785–802
6. Richardson JB (1981) Nonadrenergic inhibitory innervation of the lung. Lung 159: 315–322
7. Barnes PJ (1984) The third nervous system in the lung: physiology and clinical perspectives. Thorax 39: 561–567
8. Laitinen LA (1987) Detailed analysis of neural elements in human airways. In: Kaliner M, Barnes P (eds) Neural regulation of the airways in health and disease. Marcel Dekker, New York pp 35–56
9. Mann SP (1971) The innervation of mammalian bronchial smooth muscle: the localisation of catecholamines and cholinesterases. Histochem J 3: 319–331
10. Nadel JA (1980) Autonomic regulation of airway smooth muscle. In: Nadel JA (eds) Physiology and pharmacology of the airways. Marcel Dekker, New York, pp 217–257
11. Orehek J (1981) Neurohumoral control of airway caliber. In: Widdicombe JG (eds) International review of physiology. Respiratory physiology III. University Park Press, Baltimore, pp 1–74
12. Widdicombe JG (1985) Control of airway caliber. Am Rev Respir Dis 131 [Suppl]: 33–35
13. Widdicombe JG (1987) Nervous control of airway tone. In: Nadel JA, Snashall P, Paulwels R (eds) Bronchial hyperresponsiveness. Blackwell Scientific Publications, Oxford, pp 46–67
14. Doidge JM, Satchell DG (1982) Adrenergic and non-adrenergic inhibitory nerves in mammalian airways. J Auton Nerv Syst 5: 83–99
15. Richardson JB, Beland J (1976) Nonadrenergic inhibitory nervous system in human airways. J Appl Physiol 41: 764–771
16. Partanen M, Laitinen A, Hervonen A, Toivanan M, Laitinen LA (1982) Catecholamine- and acetylcholinesterase-containing nerves in human lower respiratory tract. Histochemistry 76: 175–188
17. Laitinen A, Partanen M, Hervonen A, Laitinen LA (1985) Electromicrosco-

pic study on the innervation of the human lower respiratory tract. Ecidence of adrenergic nerves. Eur J Respir Dis 67: 209–215
18. Laitinen A, Partanen M, Hervonen A, Pelto-Juikko M, Laitinen LA (1985) VIP-like immunoreactive nerves in human respiratory tract. Histochemistry 82: 313–319
19. Said SI, Giachetti A, Nicosia S (1980) VIP: possible functions as a neural peptide. In: Costa E, Trabucchi M (eds) Neural peptides and neuronal communication. Raven Press, New York pp 75–82
20. Said SI, Kitamura S, Yoshida T, Preskitt J, Holden LD (1974) Humoral control of airways. Ann NY Acad Sci 221: 103–114
21. Richardson JB, Fergusson CC (1979) Neuromuscular structure and function in the airways. Fed Proc 38: 202–208
22. Laitinen A (1985) Autonomic innervation of the human respiratory tracts as revealed by histochemical and ultrastructural methods. Eur J Respir Dis 66 [Suppl 140]: 1–42
23. Nadel JA (1991) Neutral endopeptidase modulates neurogenig inflammation. Eur Respir J 4: 745
24. Hua X-Y, Theodorsson-Norheim E, Brodin E, Lundberg JM, Hokfelt T (1985) Multiple tachykinins (neurokinin A, neuropeptide K, and substance P) in capsaicin-sensitive sensory neurons in the guinea-pig. Regul Pept 13: 1–19
25. Borson DB, Corrales R, Varsano S, Gold M, Viro N, Caughey G, Ramachandran J, Nadel JA (1987) Enkephalinase inhibitors potentiate substance P-induced secretion of $_{35}SO_4$-macromolecules from ferret trachea. Exp Lung Res 12: 21–36
26. Lundberg JM, Brodin E, Saria A (1983) Effects and distribution of vagal capsaicin-sensitive substance P neurons with special reference to the trachea and lungs. Acta Physiol Scand 119: 243–252
27. Saria A, Lundberg JM, Skofitsch G, Lembeck F (1983) Fascular protein leakage in various tissues induced by substance P, capsaicin, bradykinin, serotonin, histamine, and by antigen challenge. Naunyn Schmiedebergs Arch Pharmacol 324: 212–218
28. Lundberg JM, Saria A, Brodin E, Rosell S, Folkers K (1983) A substance P antagonist inhibits vagally induced increase in vascular permeability and bronchial smooth muscle contraction in the guinea-pig. Proc Natl Acad Sci USA 80: 1120–1124
29. McDonald DM (1988) Respiratory tract infections increase suscepptibility to neurogenic inflammation in the rat trachea. Am Rev Respir Dis 137: 1432–1440
30. Umeno E, Nadel JA, Huang H-T, McDonald DM (1989) Inhibition of neural endopeptidase porentiatates neurgenic inflammation in the rat trachea. J Appl Physiol 66: 2647
31. Pernow B (1985) Role of tachykinins in neurogenic inflammation. J Immunol 135: 812–815
32. Piotrowski W, Foreman JC (1985) On the action sof substance P, somatosta-

tin, and vasoactive intestinal polypeptide on rat peritoneal mast cells and in human skin. Naunyn Schmiedebergs Arch Pharmacol 331: 364–368
33. Al-Bazzaz FJ, Kelsey JG, Kaage WD (1985) Substance P stimulation of chloride secretion ba canine tracheal mucosa. Am Rev Repir Dis 131: 86–89
34. Mizoguchi H, Hicks CR (1989) Effects of neurokinins o ion transport and sulfated macromolecule release in the isolated ferret trachea. Exp Lung Res 15: 837–848
35. Lundberg JM, Martling C-R, Saria A (1983) Substance P and capsaicin-induced contractin of human bronchi. Acta Physiol Scand 119: 49–53
36. Sewizawa K, Tamaoki J, Nadel JA, Borson DB (1987) Enkephalinase inhibitor potentiates substance P- and electrically induced contractino in ferret trachea. J Appl Physiol 63: 1401–1405
37. Sekizawa K, Tamaoki J, Graf PD, Basbaum CB, Borson DB, Nadel JA (1987) Enkephalinase inhibitor potentiates mammalian tachykinin-induced contraction in ferret trachea. J Pharmacol Exp Ther 243: 1211–1217
38. Tanaka DT, Grunstein MM (1984) Mechanisms of substance P-induced contraction of rabbit airway smooth muscle. J Appl Physiol: Respirat Environ Exercise Physiol 57: 1551–1557
39. Kohrogi H, Graf PD, Sekizawa K, Borson DB, Nadel JA (1988) Neutral endopeptidase inhibitors potentiate substance P- and capsaicin-induced cough in awake guinea-pigs. J Clin Invest 82: 2063–2068
40. Kohrogi H, Nadel JA, Malfroy B, Gorman C, Bridenbauch R, Patton JS, Borson DB (1989) Recombinant human enkephalinase (neutral endopeptinase) prevents cough induced by tachykinins in awake guinea-pigs. J Clin Invest 84: 781–786
41. Skidgel RA, Engelbrecht A, Johnson AR, Erdos EG (1984) Hydrolysis of substance P and neurotensin by converting enzyme and neutral endoproteinase. Peptides 5: 769–776
42. Matsas R, Fulcher IS, Kenny AJ, Turner AJ (1983) Substance P and (Leu)-enkephalin are hydrolyzed by an enzyme in pig caudate synaptic membranes that is identical with the endopeptidase of kidney microvilli. Proc Natl Acad Sci USA 80: 3111–3115
43. Cascieri MA, Bull HG, Mumford RA, Patchett M, Thornberry NA, Liang T (1984) Carboxy-terminal tripeptidyl hydrolysis of substance P by purified rabbit lung angiotensin-converting enzyme and the potentiation of substance P activity in vivo by captopril and MK-422. Mol Pharmacol 25: 287–293
44. Hanson GR, Lovenberg W (1980) Elevation of substance P-like immunoreactivity in rat central nervous system by protease inhibitors. J Neurochem 35: 1370–1374
45. Pernow B (1955) Inactivation of substance P by proteolytic enzymes. Acta Physiol Scand 34: 295–302
46. Caughey GH, Leidig F, Viro NF, Nadel JA (1988) Substance P and vasoactive intestinal peptide degradation by mast cell tryptase and chymase. J Pharmacol Exp Ther 244: 133–137

47. Chubb IW, Hodgson AJ, White GH (1980) Acetylcholinesterase hydrolyzes substance P. Neuroscience 5: 2065–2072
48. Nausch I, Heymann E (1985) Substance P in human plasma is degraded by dipeptidyl peptidase IV, not by cholinesterase. J Neurochem 44: 1354–1357
49. Phipps RF (1981) The airway mucociliary system. In: Widdicombe JG (eds) International review of physiology. Respiratory physiology III. University Park Press, Baltimore, pp 213–260
50. Peatfield AC, Richardson PS (1983) Evidence for non-cholinergic non-adrenergic nervous control of muscus secretion in the cat trachea. J Physiol 342: 335–345
51. Kneussl MP, Richardson JB (1978) Alpha-adrenergic receptors in human and canine tracheal and bronchial smooth muscle. J Appl Physiol 45: 307–311
52. Kneussl MP, Kummer F (1984) Role of the parasympathic system in airway obstruction due to emphysema. N Eng J Med 311: 1379–1380
53. Widdicombe JG (1963) Regulation of tracheobronchial smooth muscle. Physiol Rev 43: 1–371
54. Widdicombe JG (1954) Receptors in the trachea and bronchi of the cat. J Physiol 123: 71–104
55. Laitinen LA, Laitinen A (1987) Innervation of airway smooth muscle. Am Rev Respir Dis 136: 38–42
56. Uddman R, Sundler F (1979) Vasoactive intestinal peptide nerves in human upper respiratory tract. Otorhinolaryngology 41: 221–226
57. Lundberg JM, Hokfelt T, Kewenter J, Peterson G, Ahlman H, Towin R, Dahlstrom A, Nilsson G, Terenius L, Uvnas-Wallensten K, Said DI (1979) Substance P-, VIP-, and enkephalinlike immunoreactivity in the human vagus nerve. Gastroenterology 77: 468–471

Korrespondenz: Univ.-Doz. Dr. M. Kneussl, Klinische Abteilung Pulmologie, Universitätsklinik Innere Medizin IV, Allgemeines Krankenhaus Wien, Währinger Gürtel 18–20, A-1090 Wien, Österreich.

Die Reflex-Bronchokonstriktion

W. T. Ulmer

Medizinische Kilinik und Poliklinik, Berufsgenossenschaftliche Krankenanstalten „Bergmannsheil" Bochum, Universitätsklinik

Zusammenfassung

Die große Bedeutung des cholinergen Systems ist für die Atemwegsobstruktion relativ gut belegt.

Reizung der Bronchialschleimhaut führt zur Bronchokonstriktion, welche über den Nervus vagus gesteuert wird.

Neuere Ergebnisse lassen annehmen, daß zwischen Mediatorenfreisetzung und cholinerger Aktivität eine Verstärkerfunktion besteht.

Die Vagusaktivität ist hierbei wesentlich, weniger im Sinne der aktuellen Aktivität als im Sinne der Präsenz.

Ipratropiumbromid ist in klinischen Dosen in der Lage, die cholinerge Aktivität komplett zu blockieren.

Trotz Vagolyse kann allein durch direkten Meditoreneinfluß eine schwere Atemwegsobstruktion ausgelöst werden.

Einleitung

Eine Großzahl von Experimentatoren zeigte, daß Reize in der Trachea zur Bronchokonstriktion führen (Widdicombe, 1975; Simonsson et al., 1967; DeKock et al., 1966; Gold et al., 1972; Nadel and Widdicombe, 1962; Zimmermann et al., 1976, 1979; Ulmer et al., 1985). Setzen wir Bronchokonstriktion = Atemwegsobstruktion, dann bedeutet eine derartige Bronchokonstriktion Asthma-Asthmaanfall.

In den gleichen Arbeiten wurde gezeigt, daß diese Bronchokonstriktionen über einen im Nervus vagus verlaufenden Reflex ausgelöst werden. Abb. 1 zeigt eines dieser typischen experimentellen Ergebnisse. Eine durch Acetylcholin bzw. Histamin experimentell ausgelöste Atemwegsobstruktion – gemessen als Anstieg von Edyn – ist nach Vagusblockade, durchgeführt mit Novocain, so gut wie nicht mehr auslösbar. Nach Wiederfreigabe des Nervus vagus durch Auswaschen des Novocains ist die ursprüngliche Bronchokonstriktion wieder nachweisbar.

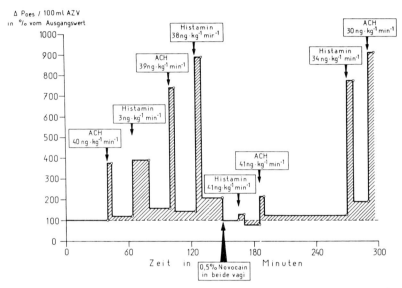

Abb. 1. Anstieg der dynamischen Elastance (ΔP_{oes}/100 ml AZV) unter Acetylcholin- bzw. Histamin-Aerosol-Inhalationen vor und unter Vagusblockade durch Novocain sowie nach Auswaschen des Novocains

Das in Abb. 1 abgebildete Ergebnis ist neben der durch die Vagusblockade verhinderten Bronchokonstriktion noch in zweierlei Hinsicht bedeutsam:
1. löst auch Acetylcholin, der eigentliche cholinergische Trägerstoff, nach Vagusdurchtrennung oder Vagusblockade keine wesentliche Bronchokonstriktion mehr aus.
2. Die wiederholte Aerosol-Belastung des Bronchialsystems mit Ace-

tylcholin bei zwischengeschalteter Histamin-Reizung der Atemwege verursacht eine signifikant zunehmende Reaktion auch derjenigen, wie sie durch den cholinergischen Überträgerstoff auslösbar ist.

Das unter 1. aufgeführte Ergebnis spricht dafür, daß auch der inhalativ eingebrachte cholinergische Überträgerstoff als Aerosol nicht direkt an der Bronchialmuskulatur wirksam wird, sondern daß auch er der Aktivität des N. vagus bedarf. Entweder wird dieses Acetylcholin auch zunächst nur an sensorischen Rezeptoren wirksam, oder der Grundtonus des N. vagus ist erforderlich, um zusätzliche Mediatoren wirksam werden zu lassen. Eine Reihe späterer Versuche stützt die zweite Hypothese.

Der 2. Punkt konnte durch experimentelle Untersuchungen von Islam et al. (1972) sowie Ulmer et al. (1982) voll bestätigt werden. Histamin, auch in Konzentrationen, die selbst nicht in der Lage sind, eine Bronchokonstriktion auszulösen, ruft eine Empfindlichkeitssteigerung der Bronchomotorik – Acetylcholin als cholinergen Reizen gegenüber – hervor.

Weiterführende Versuche zeigten dann, daß solche Empfindlichkeitssteigerungen des Bronchialsystems, wie wir sie als Hyperreagibilität u. U. mit lebensbedrohlichen Folgen klinisch erleben, auch durch andere Mediatoren, wie Prostaglandin $F_{2\alpha}$ (Islam und Ulmer, 1974) oder Serotonin (Islam und Ulmer, 1973), auszulösen sind. Auch proteolytische Enzyme, wie sie in aktiver Form im Sputum dieser Patienten in hohen Konzentrationen zu messen sind (Rasche, 1973), verursachen eine erhebliche Empfindlichkeitssteigerung gegenüber cholinergen Reizen, geprüft am inhalativen Acetylcholin-Test (Ulmer et al., 1971; Ulmer, 1975).

Auch Untersuchungen zur Frage, ob durch die Ausschaltung des N. vagus die Mediatorenfreisetzung gehemmt wird, zeigten, daß die z. B. durch inhalierte Allergen-Aerosole induzierte Histaminfreisetzung, die eine massive Bronchokonstriktion auslöst, mit begleitendem entsprechendem Abfall des arteriellen Sauerstoffdruckes nach Vagusblockade, unverändert, gemessen an dem Plasma-Histaminspiegel, nachzuweisen ist, obwohl die Strömungswiderstände in den Atemwegen dennoch nicht mehr ansteigen, der arterielle Sauerstoffdruck zwar weniger, aber immer noch signifikant abfällt (Abb. 2) (Zimmermann et al., 1979).

Diese Versuchsergebnisse führten zum Begriff der Reflex-Bronchokonstriktion, wobei sensorische Rezeptoren in der Trachealwand angenommen werden, deren Reizung über den N. vagus zur Bronchokonstriktion führt (Abb. 3).

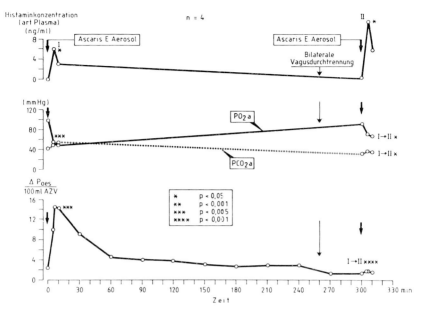

Abb. 2. Verhalten der Plasma-Histamin-Konzentration, der arteriellen O_2- und CO_2- Partialdrucke wie von Edyn als Maß der Strömungswiderstände in den Atemwegen vor und nach bilateraler Vagotomie

Diese Zusammenhänge konnten schon DeKock et al. (1966) wahrscheinlich machen. Isoliert man in der Trachea ein 7,5 cm langes Areal durch aufgeblasene Cuffs und gibt in diese Areale ein Allergen, wodurch weder die Plasma-Histamin-Konzentration ansteigt, noch der Strömungswiderstand in den Atemwegen beeinflußt wird, so läßt sich von diesen lokalen Arealen aus durch ein Allergen das gesamte periphere bronchopulmonale System überempfindlich machen. Die Differenz der Reaktion auf Acetylcholin-Aerosol-Inhalation – vor und nach der Allergen-Installation – beweist dies (Abb. 4).

In dieser Allergen-Lösung fand sich eine Histamin-Konzentration von 270 ng/ml, so daß eine erhebliche lokale Histamin-Liberation angenommen werden muß.

Auch durch Proteasen, eingebracht in dieses Areal, entwickelt sich eine signifikante Empfindlichkeitssteigerung, wobei allerdings die Hist-

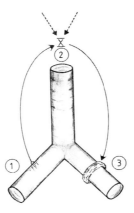

Abb. 3. Ausgelöst von sensorischen Rezeptoren (1) über den Nervus vagus (X) (2) verlaufende Reflex-Bronchokonstriktion (3)

amin-Konzentration „nur" 35 ng/ml betrug (Zimmerman et al., 1979, Zimmermann und Ulmer, 1980).

Auch intravenös eingebrachte Allergene, die selbst keine Bronchokonstriktion auslösen oder eine massive Histamin-Freisetzung im Plasma erkennbar bewirken – und damit auch den Blutdruck unbeeinflußt lassen –, können eine Überempfindlichkeit des Bronchialsystems, nachweisbar durch Acetylcholin-Aerosol-Inhalationen, hervorrufen (Abb. 5).

Nicht nur die Empfindlichkeit des bronchopulmonalen Systems läßt sich über den Reflex-Mechanismus beeinflussen, auch Bronchokonstriktionen selbst können über diesen Reflexweg ausgelöst werden. Allergen-Einwirkung auf die oberen Atemwege verursacht eine sichere Bronchokonstriktion im peripheren Bronchialbaum.

Im arteriellen Plasma treten dann aber deutlich erhöhte Histamin-Konzentrationen auf. Die Beziehung zwischen Anstieg der Strömungswiderstände in den Atemwegen und Anstieg der Plasma-Histamin-Konzentration läßt annehmen, daß lokal hohe Histamin-Konzentrationen wie auch die Plasma-Histamin-Konzentration selbst, an der in dieser Art ausgelösten bronchokonstriktorischen Reaktion beteiligt sind = Reflex- + direkte Mediatoreneinwirkung. Diese Dosiswirkungskurve entspricht derjenigen einer intravenösen Allergenverabreichung.

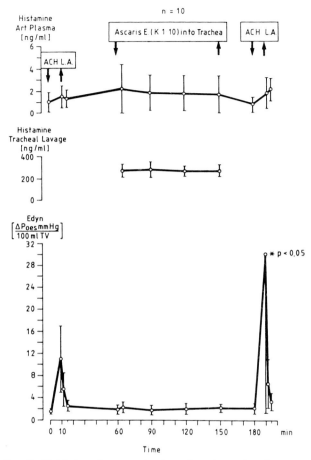

Abb. 4. Empfindlichkeitssteigerung des bronchopulmonalen Systems gegenüber Acetylcholin-Aerosol-Inhalation durch Allergen-Lösung, eingebracht in ein 7,5 cm langes Areal in der Trachea über 90 min. In der Lavage-Flüssigkeit dieses Areals fand sich eine Histamin-Konzentration von 270 ng/ml

Es sei darauf verwiesen, daß Acetylcholin-Aerosol-Inhalationen einen signifikanten Anstieg der Plasma-Histamin-Konzentrationen hervorruft und daß diese Dosiswirkungskurve zwischen Anstieg der Strömungswiderstände in den Atemwegen und dem Plasma-Histamin weitgehend derjenigen einer Histamin-Inhalation entspricht. Die Zusammen-

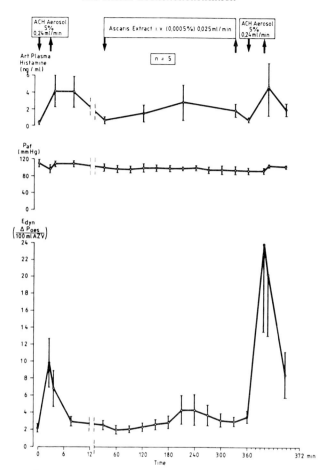

Abb. 5. Empfindlichkeitssteigerung des bronchopulmonalen Systems gegenüber Acetylcholin-Aerosol-Inhalation durch i. v. gegebenes Allergen in niedriger Konzentration, die den Plasma-Histaminspiegel wie den arteriellen Blutdruck (Paf) nicht signifikant beeinflußt

hänge zwischen Histamin-Liberation und cholinergischer Aktivität sind noch nicht voll geklärt, obwohl sie sicher von klinischer Bedeutung sind.

Inzwischen wurde eine Reihe von Mechanismen erarbeitet, die direkt auf die Freisetzung von Acetylcholin an der motorischen Endplatte einwirken (Aizawa et al., 1990, im Druck).

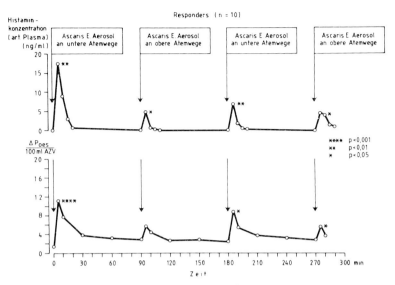

Abb. 6. Anstieg der Plasma-Histamin-Konzentration mit den Strömungswiderständen in den Atemwegen unter Allergen-Aerosol-Applikation – nur in die obere Hälfte der Trachea bzw. in die davon peripheren Atemwege

So wird unter der Einwirkung von Thromboxan, Prostaglandin D_2, endogenem Tachykinin = Capsaicin wie von Substanz P signifikant vermehrt Acetylcholin frei, während Prostaglandin E_2, Catecholamine, wie Acetylcholin selbst, die Acetylcholin-Liberation hemmen (Abb. 7).

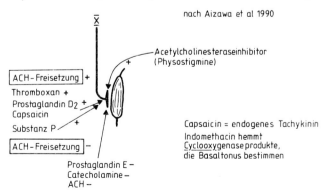

Abb. 7. Einwirkungen auf die Acetylcholin-Freisetzung an der motorischen Endplatte durch Mediatoren (n. Aizawa et al., 1990)

Somit ist die cholinergische Aktivität nicht nur in dem Nervus vagus als Reflex-Bronchokonstriktion wirksam, sie wird auch durch direkte Aktion von Mediatoren an der motorischen Endplatte beeinflußt, einen Befund, den wir indirekt als extravagale cholinergische Aktivität fassen konnten. Nach bilateraler Vagotomie läßt sich nach Ipratropiumbromid – also durch kompetitive Acetylcholinhemmung – immer noch eine weitere Bronchodilatation bewirken (20%–25%). Diese Bronchokonstriktion wurde durch Allergene (Ascaris suum Extrakt) ausgelöst (Ulmer et al., 1988, 1988).

Welche Rolle spielt nun diese eindeutig auch als Reflex-Bronchokonstriktion wirksame cholinergische Aktivität im klinischen Geschehen?

Eine alleinige Vagus-Stimulation bewirkt einen relativ geringgradigen Anstieg der Strömungswiderstände von 50%–100%, was klinisch relativ unbedeutsam ist (Ulmer et al., 1985). Nach Vagotomie kann aber durch lokal hohe Konzentrationen von Mediatoren und/oder deren längere Einwirkungszeit dennoch auch eine klinisch schwerste Bronchokonstriktion ausgelöst werden (Abb. 8).

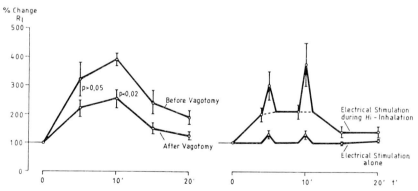

Abb. 8. Wirkung von 10% Acetylcholin-Aerosol vor und nach bilateraler Vagotomie aus Atemfrequenz (AF), Atemzugvolumen (AZV), atemsynchrone oesophageale Druckdifferenz (ΔP_{oes}) und dynamische Elastance (Edyn) als Maß der Strömungswiderstände in den Atemwegen. Ein Tier entwickelte 16 min nach der Acetylcholin-Aerosol-Inhalation trotz Vagotomie eine schwerste Atemwegsobstruktion mit Atemstillstand

Ipratropiumbromid ist in klinisch gebräuchlichen Dosen in der Lage, eine komplette pharmakologische Vagolyse, die einer Vagotomie gleichkommt, zu bewirken (Ulmer et al., 1987, 1988, 1988) (Abb. 9).

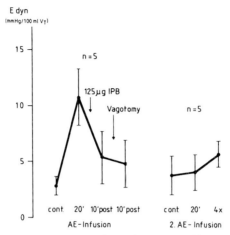

Abb. 9. Verhalten von Edyn als Maß der Strömungswiderstände in den Atemwegen unter Allergen-Inhalation (Ascaris suum Extrakt) vor 12,5 mg Ipratropiumbromid i. v. sowie 10 min nach zusätzlicher Vagotomie (links). 2 h nach der ersten Allergen-Inhalation erfolgte eine 2. AE-Infusion (rechts)

Aus unseren Untersuchungen und nach den experimentellen klinischen Ergebnissen lassen sich für die Bedeutung des cholinergischen Systems für die Atemwegsobstruktion – insbesondere für die Reflex-Bronchokonstriktion – folgende vier Schlüsse ziehen:
1. Eine Bronchokonstriktion, die allein durch maximale Vagus-Stimulation ausgelöst wird, ist relativ geringgradig. Wird gleichzeitig ein bronchokonstriktorischer Mediator wirksam, so wird die cholinergische Stimulation signifikant stärker bronchokonstriktorisch wirksam (Ulmer et al., 1985).
2. Die cholinergische Aktivität besitzt zusammen mit anderen bronchokonstriktorischen Mediatoren, die reflektorisch wie direkt die Acetylcholin-Liberation steigern, eine klinisch bedeutsame bronchokonstriktorische Verstärker-Aktion.
3. Die cholinergische Aktivität im bronchopulmonalen System, und damit auch die Reflex-Bronchokonstriktion, läßt sich pharmakolo-

gisch durch Anticholinergika (Ipratropiumbromid) mit klinisch gebräuchlichen Dosen vollständig ausschalten.
4. Trotz Vagotomie (Vagolyse) ist durch Einfluß bronchokonstriktorischer Mediatoren in höheren Konzentrationen und nach längerer Einwirkung eine klinisch schwere Atemwegsobstruktion möglich.

Literatur

1. Aizawa H, Miyazaki N, Inoue H, Ikeda T, Shigenatsu N (1990) Effect of endogenous tachykinins on neuro-effector transmission of vagal nerve in guinea-pig tracheal tissue. Respiration (in press)
2. Gold WM, Kessler GF, Yu DYC (1972) Role of vagus nerves in experimental asthma in allergic dogs. J Appl Physiol 33: 719
3. Islam MS, Rasche B, Vastag E, Ulmer WT (1972) Über den Wirkungsmechanismus von Histamin in den Atemwegen. Respiration 29: 538
4. Islam MS, Ulmer WT (1973) Über die Rolle von Serotonin als Bronchokonstriktor. Pneumonologie 148: 135
5. Islam MS, Ulmer WT (1974) Prostaglandin F_2alpha als Bronchokonstriktor. Respiration 31: 332
6. DeKock MA, Nadel JA, Zwi S, Colebatch HJH, Olsen CR (1966) New method for perfusing bronchial arteries, histamine bronchoconstriction and apnea. J Appl Physiol 21: 185
7. Nadel JA, Widdicombe JG (1962) Reflex effect of upper airways irritation on total lung resistance and blood pressure. J Appl Physiol 17: 861–865
8. Rasche B (1973) Proteaseaktivität und deren Inhibitoren bei Patienten mit chronisch obstruktiver Bronchitis. In: Bericht des Silikose-Forschungsinstituts der Bergbau-Berufsgenossenschaft, Bochum, S 47
9. Simonsson BG, Jacobs FM, Nadel JA (1967) Role of autonomic nervous system and the cough reflex in the increased responsiveness of airways in patients with obstructive airway disease. J Clin Invest 46: 1612
10. Ulmer WT, Islam MS, Zimmermann I, Bugalho de Almeida AA (1985) Welche Rolle spielt der Nervus vagus? In: Bochumer Treff. Gedon & Reuss, München, S 117–136
11. Ulmer WT, Zimmermann I, Islam MS (1982) Das überempfindliche Bronchialsystem. Experimental facts III. In: Bochumer Treff. Gedon & Reuss, München, S 26–49
12. Ulmer WT (1975) Pathophysiologische Grundlagen obstruktiver Atemwegserkrankungen. Dtsch Med Wochenschr 100: 1575
13. Ulmer WT, Islam MS, Bakran I Jr (1971) Untersuchungen zur Ursache der Atemwegsobstruktion und des überempfindlichen Bronchialsystems. Dtsch Med 96: 1759
14. Ulmer WT, Zimmermann I, Marek W, Islam MS (1988) Die Bedeutung des cholinergen Systems für die Atemwegsobstruktion. Prax Klin Pneumol 42: 498–501

15. Ulmer WT, Höltmann B, Marek W, Schött D, Schwabl U (1987/1988) Das cholinerge System und Vagolyse bei obstruktiven Atemwegserkrankungen. In: Bochumer Treff. Gedon & Reuss, München, S 54–78
16. Ulmer WT, Höltmann B, Schmidt EW, Schött D (1987) Anticholinergika als Bronchodilatatoren. Ein Wirkprofil. Arzneimittelforschung 37: 1185–1192
17. Widdicombe JG (1975) Reflex control of airway smooth muscle. Postgrad Med 51: 36
18. Zimmermann I, Islam MS, Lanser K, Ulmer WT (1976) Antigen-induced airway obstruction and the influence of vagus blockade. Respiration 95: 33
19. Zimmermann I, Curschmann P, Kowalski J, Ulmer WT (1979 a) Therapeutical influence of vagus blockade on antigen-induced airway obstruction. Respiration 37: 1
20. Zimmermann I, Walkenhorst W, Ulmer WT (1979 b) The role of upper airways in antigen-induced bronchoconstriction. Respiration 37: 148–156
21. Zimmermann I, Haxhiu MA, Bugalho de Almeida AA, Ulmer WT (1979 c) Localization of the changes of the sensitivity of the airways by proteolytic enzymes (Pronase) against acetylcholine. Respiration 38: 249–256
22. Zimmermann I, Ulmer WT (1980 a) Experimental-induced bronchial hyperreactivity. Eur J Resp Dis [Suppl 106] 61: 59–64
23. Zimmermann I, Ulmer WT (1980 b) Arterielle Plasma-Histamin-Konzentration unter Allergen- und Acetylcholin-Konzentration vor und nach Vagotomie. V. Mitteilung. Resp Exp Med 178: 29–35

Korrespondenz: Prof. Dr. W. T. Ulmer, Berufsgenossenschaftliche Krankenanstalten „Bergmannsheil Bochum", Medizinische Klinik und Poliklinik, Gilsingstraße 14, D-W-4630 Bochum 1, Bundesrepublik Deutschland.

Gastroösophagealer Reflux und Bronchokonstriktion

H. Rauscher

Lungenabteilung im Krankenhaus der Stadt Wien Lainz, Wien, Österreich

Zusammenfassung

Bei vielen Patienten mit Asthma bronchiale ist ein gastroösophagealer Reflux (GER) zu finden. Die Beobachtung, daß durch Behandlung des GER auch die asthmatische Ventilationsstörung beeinflußt wird, läßt einen kausalen Zusammenhang zwischen den beiden Erkrankungen vermuten. Der durch Säureinstillation in das untere Ösophagusdrittel bei einem Teil der Asthmatiker auslösbare Bronchospasmus ist jedoch zu gering, um klinisch von Bedeutung zu sein. Daher wird als Mechanismus für den Zusammenhang zwischen niedrigem pH im Ösophagus und Tonus der Bronchialmuskulatur eine vagal mediierte Steigerung der bronchialen Hyperreagibilität angenommen. Dadurch könnte ein GER den Patienten gegenüber anderen bronchokonstriktorisch wirkenden Stimuli empfindlicher machen. Da Asthma per se, aber auch die Mehrzahl der für die Asthmatherapie eingesetzten Medikamente, GER begünstigt, kann bei diesen Patienten ein Circulus vitiosus zwischen Asthma und GER entstehen.

Einleitung

Gastroösophagealer Reflux (GER) ist definiert als das Zurückfließen von Mageninhalt in die Speiseröhre. Da der Gradient zwischen positivem Druck im Abdomen und negativem Druck im Thorax einen GER begünstigt, muß die Schleimhaut des unteren Ösophagus durch verschiedene

Antirefluxmechanismen geschützt werden. Dazu zählen: die anatomische Situation an der Durchtrittsstelle des Ösophagus durch das Zwerchfell, der Tonus des unteren Ösophagussphinkters, die ösophageale Clearance und das dauernde Schlucken von bikarbonatreichem Speichel.

Refluxtypische Symptome (Sodbrennen) werden von etwa 7 bis 10% aller Menschen täglich verspürt, von nicht weniger als 40% zumindest einmal im Monat, von etwa 30% gelegentlich [1, 2]. Physiologischerweise tritt ein GER bei Gesunden etwa fünfzigmal pro Tag auf, so daß die Ösophagusschleimhaut etwa 4% der Zeit in Kontakt mit Mageninhalt kommt. Werden die Refluxepisoden häufiger oder länger, so kommt es zu entzündlichen Schleimhautveränderungen, die sich wiederum negativ auf die Peristaltik und somit auf die ösophageale Clearance und den Tonus des unteren Ösophagussphinkters auswirken, so daß ein Circulus vitiosus in Gang kommt. Da im Liegen der Effekt der Schwerkraft wegfällt und im Schlaf weniger Speichel geschluckt wird, ist ein pathologischer GER nachts meist am stärksten [3, 4, 5].

GER ist häufig mit Erkrankungen der Atmungsorgane assoziiert, wobei die Frage, ob der GER Ursache oder Folge respiratorischer Probleme ist, bis heute nicht geklärt werden konnte. Für den GER als primäres Ereignis spricht die Tatsache, daß GER in etwa 10% aller Fälle chronischen Hustens als einzige Ursache gefunden werden kann [6] und refluxinduziertes Husten unter Antirefluxtherapie verschwindet [7]. Demgegenüber ist ein GER um so häufiger zu finden, je länger die pulmonale Anamnese ist [8].

Besonders eng sind die Beziehungen zwischen GER und Asthma bronchiale. Einerseits wurde bei 67% der Asthmatiker eine gleichzeitige ösophageale Störung wie Hiatushernie, Dysmotilität, verminderter Tonus des distalen Ösophagussphinkters oder Auftreten von Schmerzen bei intraösophagealer Säureapplikation gesehen [8], andererseits konnte in einer Reihe von Arbeiten gezeigt werden, daß nach medikamentöser oder chirurgischer Behandlung eines gleichzeitig bestehenden GER auch eine Verbesserung der asthmatischen Ventilationsstörung beobachtet werden kann [9, 10, 11]. Dies deutet auf eine gegenseitige Beeinflussung dieser beiden Krankheitsbilder hin, wobei sowohl das Asthma refluxbegünstigend wirkt, als auch der Reflux das Asthma negativ beeinflussen kann.

Refluxbegünstigend beim Asthmatiker ist einerseits die durch die Überblähung während des Anfalls bedingte Abflachung des Zwerchfells, wodurch es zu einer Lockerung der Aufhängung des Ösophagus beim

Durchtritt durch das Zwerchfell kommt, was die erhöhte Inzidenz von Hiatushernien bei Asthmatikern – 30–40% gegenüber 5% bei Lungengesunden – erklärt [9]. Außerdem entsteht durch die als Folge des erhöhten Atemstromwiderstandes stärker negativen inspiratorischen Intrathorakaldrucke eine Vergrößerung des thoracoabdominellen Druckgradienten am Ösophagus-Magen-Übergang, was eine Art Sogwirkung auf den Mageninhalt ausübt. Schließlich führen die meisten antiobstruktiv wirksamen Medikamente, insbesondere Theophyllin [12, 13] und β-Mimetika, zu einer Verminderung des Tonus des unteren Ösophagussphinkters, welche refluxbegünstigend wirkt.

Für die Beeinflussung der asthmatischen Ventilationsstörung durch den GER ist einerseits eine Mikroaspiration vorstellbar [14], welche jedoch durch Studien mit radioaktiv markiertem Magensaft weitgehend ausgeschlossen werden konnte [15]. Die heute allgemein akzeptierte Theorie des Zusammenhanges zwischen GER und Asthma ist ein vagal mediierter Reflex, der zu einer Veränderung der Bronchomotorik führt [16, 17, 18].

Mehrere Arbeiten haben gezeigt, daß sowohl im Tierexperiment als auch beim Menschen eine Bronchokonstriktion durch Säureapplikation in den Ösophagus erzeugt werden kann [17, 18, 19, 20, 21, 22, 23]. Allerdings konnten auch bei Gabe relativ großer Mengen Säure über längere Zeit nur sehr kleine oder gar keine Effekte auf den Atemstromwiderstand gefunden werden [17, 21, 22, 23, 24, 25, 26]. Daher entstand die Hypothese, daß durch Reizung säuresensibler Rezeptoren im Ösophagus nicht immer direkt ein Bronchospasmus ausgelöst wird, sondern über eine Veränderung der Hyperreagibilitätsschwelle eine verstärkte Antwort auf andere bronchokonstriktorische Stimuli entsteht, welche dann leichter zu einem Bronchospasmus führen [20, 27]. Überdies besteht eine Korrelation zwischen der Histaminempfindlichkeit des Bronchialsystems und der bronchialen Reaktion auf intraösophagealen Säurereiz [28].

In den meisten Studien wurde der Säurereiz durch Infusion von Salzsäure über einen nasoösophageal gelegten Katheter gesetzt. Dies ist für den Patienten relativ belastend, so daß die Möglichkeit geprüft wurde, ob eine Ansäuerung des Ösophagus ebensogut durch Trinken saurer Flüssigkeit zu erzielen ist [20, 29]. Auf der Suche nach einem einfachen Test, um diejenigen Asthmatiker zu finden, bei denen ein GER pathogenetisch von Bedeutung ist, untersuchten wir, ob durch Trinken von Orangensaft mit einem pH von 2,7 eine Veränderung der bronchialen Hyperreagibilität gegen Methacholin erzielt werden kann [30].

Von 15 Asthmatikern im klinisch stabilen Intervall zeigten sechs eine Steigerung der Hyperreagibilität nach Ansäuerung des Ösophagus mit Orangensaft. Von zehn Patienten mit bronchialer Hyperreagibilität ohne asthmatische Symptome reagierten vier auf den Säurestimulus mit gesteigerter Methacholinempfindlichkeit. Somit fanden wir bei Patienten mit bronchialer Hyperreagibilität in 40% eine positive Reaktion, unabhängig davon, ob es sich um Asthmatiker handelte oder nicht. Diese Ergebnisse bestärken die Theorie eines ösophagobronchialen Reflexes, der bei etwa 40% aller bronchial hyperreagiblen Menschen eine bronchiale Reaktion bereits auf minimale ösophageale Säurebelastung bedingt.

Zusammenfassend läßt sich bei manchen, aber nicht allen Asthmatikern eine bronchiale Beeinflussung durch saures Ösophagus-pH nachweisen, die eher in einer Veränderung der Hyperreagibilitätsschwelle liegt als in einem direkt ausgelösten Bronchospasmus. Für jene Asthmatiker mit gleichzeitigem GER erscheint dieser Zusammenhang bedeutungsvoll, weil bei ihnen Refluxepisoden Asthmaattacken über eine gesteigerte bronchiale Überempfindlichkeit triggern können. Da GER gut behandelbar ist, sollte bei allen schwer einstellbaren Asthmatikern die Suche nach einem GER erfolgen.

Literatur

1. Nobel OT, Fornes MF, Castell DO (1976) Symptomatic gastroesophageal reflux: Incidence and precipitating factors. Am J Dig Dis 21: 953
2. Dent J, Dodds WJ, Friedman RH et al. (1980) Mechanism of gastroesophageal reflux in recumbent asymptomatic human subjects. J Clin Invest 65: 256
3. DeMeester TR, Johnson LF, Joseph GJ et al. (1976) Patterns of gastroesophageal reflux in health and disease. Ann Surg 184: 459
4. Orr WC, Robinson MG, Johnson LF (1981) Acid clearance during sleep in the pathogenesis of reflux esophagitis. Dig Dis Sci 26: 423
5. Orr WC, Johnson LF, Robinson MG (1984) Effect of sleep on swallowing, esophageal peristalsis, and acid clearing. Gastroenterology 86: 814
6. Irwin RS, Corrao WM, Pratter MR (1981) Chronic persitent cough in the adult: The spectrum and frequency of causes and successful outcome of specific therapy. Am Rev Respir Dis 123: 413
7. Irwin RS, Zawacki JK, Curley F. et al. (1989) Chronic cough as the sole presenting manifestation of gastroesophageal reflux. Am Rev Respir Dis 140: 1294

8. Kjellen G, Brundin A, Tibbling L et al. (1981) Oesophageal function in asthmatics. Eur J Respir Dis 62: 87
9. Kjellen G, Tibblin L, Wranne B (1981) Effect of conservative treatment of esophageal dysfunction on bronchial asthma. Eur J Respir Dis 62: 190
10. Goodall RJ, Earis JE, Cooper DN et al. (1981) Relationship between asthma and gastroesophageal reflux. Thorax 36: 116
11. Larrain A, Carrasco J, Gallequillos J et al. (1981) Reflux treatment improves lung function in patients with intrinsic asthma. Gastroenterology 80: 1204
12. Stein MR, Towner TG, Weber RW et al. (1980) The effect of theophylline on lower esophageal sphincter pressure. Ann Allergy 45: 238
13. Bernquist WE, Rachelefsky GS, Kadden M et al. (1981) Effect of theophylline on gastrointestinal reflux in normal adults. J Allergy Clin Immunol 67: 407
14. Babb RR, Notorangelo J, Smith VM (1970) Wheezing: A clue to gastroesophageal reflux. Am J Gastroenterol 53: 230
15. Ghaed N, Stein MR (1979) Assessment of a technique for scintigraphic monitoring of pulmonary aspiration of gastric contents in asthmatics with gastroesophageal reflux. Ann Allergy 42: 306
16. Bray GW (1934) Recent advances in the treatment of asthma and hay fever. Practitioner 34: 368
17. Mansfield LE, Stein MR (1978) Gastroesophageal reflux and asthma: A possible reflex mechanism. Ann Allergy 41: 224
18. Mansfield LE, Haumeister HH, Spaulding HS et al. (1981) The role of the vagus nerve in airway narrowing caused by intraesophageal hydrochloric acid provocation and esophageal distention. Ann Allergy 47: 431
19. Bernstein LM, Baker LA (1958) A clinical test for esophagitis. Gastroenterology 34: 760
20. Wilson NM, Charette L, Thomson AH et al. (1985) Gastroesophageal reflux and childhood asthma – the acid test. Thorax 40: 59
21. Kjellen G, Tibbling L, Wranne B (1981) Bronchial obstruction after oesophageal acid perfusion in asthmatics. Clin Physiol 1: 285
22. Spaulding HS, Mansfield LE, Stein MR et al. (1982) Further investigation of the association between gastroesophageal reflux and bronchoconstriction. J Allergy Clin Immunol 69: 516
23. Andersen LI, Schmidt A, Bundgaard A (1986) Pulmonary function and acid application in the esophagus. Chest 90: 358
24. Ducolon A, Vandevenne A, Jouin H et al. (1987) Gastroesophageal reflux in patients with asthma and chronic bronchitis. Am Rev Respir Dis 135: 327
25. Perpina M, Pellicer C, Marco V et al. (1985) The significance of the reflex bronchoconstriction provoked by gastroesophageal reflux in bronchial asthma. Eur J Respir Dis 66: 91
26. Harper PC, Bergner A, Kaye MD (1987) Antireflux treatment for asthma: Improvement in patients with associated gastroesophageal reflux. Arch Intern Med 147: 56
27. Herve P, Denjean A, Jian R et al. (1986) Intraesophageal perfusion of acid

increases the bronchomotor response to methacholine and to isocapnic hyperventilation in asthmatic subjects. Am Rev Respir Dis 134: 986
28. Ekström T, Tibblin L (1989) Esophageal acid perfusion, airway function, and symptoms in asthmatic patients with marked bronchial hyperreactivity. Chest 96: 995
29. Wilson N, Chudry N, Silverman M (1987) Role of the esophagus in asthma induced by the ingestion of ice and acid. Thorax 42: 506
30. Rauscher H, Popp W, Ritschka L (1989) Effect of short esophageal accidification on airway hyperreactivity. Respiration 55: 11

Korrespondenz: Dr. H. Rauscher, Lungenabteilung, Krankenhaus Lainz, Wolkersbergenstraße 1, A-1130 Wien, Österreich.

Stellenwert der Anticholinergika bei allergischem Asthma im Erwachsenenalter

G. Schultze-Werninghaus

Abteilung für Pneumologie, Zentrum der Inneren Medizin,
Klinikum der J. W. Goethe-Universität Frankfurt am Main,
(Leiter: Prof. Dr. J. Meier-Sydow)

Zusammenfassung

Als Atropinderivate (bzw. Anticholinergika, Parasympathikolytika, Muskarin-Cholinozeptor-Antagonisten) stehen die quarternären Ammoniumbasen Ipratropium- und Oxitropiumbromid in inhalativer Form zur Verfügung. Die bronchodilatatorische Wirkung ist bei chronisch-obstruktiver Bronchitis derjenigen der β-Agonisten vergleichbar, während bei Asthma β-Agonisten überlegen sind. Entsprechend läßt sich bei Kombination beider Substanzen eine additive Wirkung bei chronisch-obstruktiver Bronchitis zeigen, während bei Asthma keine Wirkungsverbesserung der β-Agonisten möglich ist. Bei schwerer Obstruktion ist eine Wirkung der Anticholinergika nachgewiesen, so daß sie als Zusatztherapie eingesetzt werden sollten. Die Wirkung ist bei allen Erkrankungsformen intra- und interindividuell uneinheitlich. Eine protektive Wirkung gegen bronchokonstriktorische Stimuli ist in variablem Ausmaß vorhanden; sie beruht wahrscheinlich vorwiegend auf einer Verminderung des Tonus der Bronchialmuskulatur mit entsprechender Änderung der Atemwegsgeometrie. Ein vollständiger Schutz vor konstriktorischen Reizen ist nicht gegeben. In der Therapie sollten die gegenwärtig verfügbaren Anticholinergika vor allem als Bronchodilatatoren bei allen Schweregraden der chronisch-obstruktiven Bronchitis eingesetzt werden, kombiniert mit β-Agonisten. Nachdem in den letzten Jahren mindestens drei verschiedene muskarinartige Rezeptoren (M_1–M_3) beschrieben wurden, ist mit Interesse zu erwarten, ob spezifische M_3-Muskarinantagonisten von größerer Wirksamkeit bei Asthma sein werden.

Einleitung

Anticholinerg wirksame Substanzen werden seit Jahrhunderten in allen Regionen der Welt therapeutisch genutzt – etwa in Form der Rauchinhalation von Wurzeln, Blättern oder Früchten der Nachtschattengewächse Stechapfel *(Datura stramonium)*, Tollkirsche *(Atropa belladonna)* oder Bilsenkraut *(Hyoscyamus niger)*. Gezielt gegen Asthma wurden derartige anticholinerge Alkaloide jedoch erst im 19. Jahrhundert nach Einführung aus Indien durch den an Asthma leidenden General Grant in Großbritannien eingesetzt, z. B. als Asthmazigarette nach Trousseau (Gandevia, 1975; Schultze-Werninghaus, 1981 b).

Die Synthese der nebenwirkungsarmen Atropin- bzw. Scopolaminderivate Ipratropium- und Oxitropiumbromid führte zu einer breiteren Anwendung in der Asthmatherapie. Diese Substanzen besitzen bei inhalativer Verabreichung keine anticholinergen Nebenwirkungen wie Mundtrockenheit.

Stimulierend für das Interesse an Muskarinantagonisten wirkten sich Befunde an Versuchstieren aus, vorwiegend an Hunden, nach denen eine pharmakologische Blockade des efferenten Vagusschenkels durch Muskarinantagonisten oder Ganglienblocker bzw. eine Durchtrennung oder Kühlung afferenter oder efferenter Vagusfasern eine Hemmung zahlreicher bronchokonstriktorischer Stimuli bewirkte. Dadurch wurde ein bedeutsamer Anteil vagalreflektorischer Mechanismen bei Asthma angenommen und ein antiasthmatischer Effekt von Anticholinergika erwartet. Diese Arbeiten wurden vor allem von zwei Gruppen unternommen und führten zu weitgehend übereinstimmenden Resultaten (Gold et al., 1972; Nadel, 1963, 1980, 1983 a; Nadel et al., 1965; Nadel u. Barnes, 1984; Ulmer, 1981; Ulmer et al., 1982; Übersicht bei Hahn, 1988). Durch neuere Befunde über die Grundlagen der Atemwegsentzündung sind jedoch Zweifel aufgetaucht, ob derartige zentralnervös umgeschaltete Reflexe für den Verlauf obstruktiver Atemwegserkrankungen tatsächlich von entscheidender Bedeutung sind.

Von größtem Interesse ist die in den letzten Jahren erfolgte Differenzierung der muskarinartigen Rezeptoren. Bisher sind mindestens drei

Rezeptoren pharmakologisch charakterisiert, von denen der M_1-Rezeptor in parasympathischen Ganglien, M_2-Rezeptoren auf cholinergen Nerven (Autorezeptoren) und M_3-Rezeptoren auf glatten Atemwegsmuskeln vorkommen (Hammer et al., 1986). Welche Bedeutung diese Subklassen (M_1–M_3, evtl. weitere) für die Lunge besitzen, ist Gegenstand intensiver Forschung (vgl. Barnes, 1989). Die bisher verfügbaren Muskarinantagonisten sind nicht selektiv.

Pharmakodynamische und klinische Wirkungen

Bronchodilatation

Die Inhalation von Ipratropiumbromid führt zur Bronchodilatation auch bei Gesunden bzw. bei Asthmatikern mit normaler Lungenfunktion infolge einer Verminderung des offenbar (partiell) durch vagale Impulse gesteuerten Ruhetonus der glatten Atemwegsmuskulatur (Schultze-Werninghaus u. Meier-Sydow, 1983; Islam u. Ulmer, 1984).

Tabelle 1. Wirkung von m-Cholinozeptor-Antagonisten bei Provokationstests und obstruktiven Atemwegskrankheiten

Test/Krankheit	Wirkung von m-Antagonisten, inhalativ	Vergleich mit β_2-Agonist, inhalativ
Provokationstest		
Histamin	Hemmung ±	<
Allergen		
Sofortreaktion	Hemmung ±	<
Spätreaktion	?	
Anstrengung	Hemmung ±	<
Kaltluft	Hemmung ±	<
Krankheit		
Asthma	Bronchodilatation	<
Akute Obstruktion	Bronchodilatation	< / >
Obstr. Bronchitis	Bronchodilatation	=

Die bronchodilatatorische Wirkung bei Patienten mit obstruktiver Atemwegserkrankung ist variabel. Bei älteren Patienten läßt sich im Vergleich mit β-Adrenozeptor Agonisten eine bessere Wirkung nachweisen als bei jüngeren Patienten. In einigen Studien ist bei älteren Patienten mit chronischer Atemwegsobstruktion eine Bronchodilatation zu erzielen, die mit der von β_2-Agonisten vergleichbar ist (Ulmer, 1971; Poppius u. Salorinne, 1973).

Hingegen ist die Bronchodilatation nach Inhalation von Ipratropium- oder Oxitropiumbromid nach Allergen-induzierter Obstruktion nur schwach im Vergleich zu β_2-Agonisten (Schultze-Werninghaus et al., 1976, 1979, 1987; Schultze-Werninghaus, 1981 c) (Abb. 1). In Dosis-Wirkungs-Untersuchungen wurde die relativ schwache Wirkung der Anticholinergika bestätigt (Abb. 2). Diese Befunde entsprechen jenen bei spontaner Atemwegsobstruktion von jüngeren Patienten bzw. Patienten bei Asthma bronchiale (Ruffin et al., 1977). In neueren Studien über 90 Tage wurden diese Beobachtungen tendenziell bestätigt: Während bei Patienten mit chronisch-obstruktiver Bronchitis die Bronchodilatation durch den Muskarinantagonisten Ipratropiumbromid besser war als die durch den β_2-Agonisten Orciprenalin (Tashkin et al., 1986), ließ sich bei Asthma eine bessere Sofortwirkung des β-Agonisten zeigen, jedoch (vermutlich infolge der relativ kurzen Wirkung von Orciprenalin) kein signifikanter Unterschied über 6 Stunden (Storms et al., 1986). Hiernach scheinen cholinerge Mechanismen bei chronisch-obstruktiver Bronchitis eine bedeutsamere Rolle zu spielen als bei Asthma, insbesondere als bei allergeninduzierter Obstruktion.

Dies wird weiterhin bestätigt durch Untersuchungen über die synergistischen Wirkungen von β_2-Agonisten und Muskarinantagonisten. Während bei chronisch-obstruktiver Bronchitis eine additive Wirkung festzustellen war (Ward et al., 1981), ließ sich eine solche bei Allergen-induzierter Obstruktion nicht nachweisen (Schultze-Werninghaus, 1981 a).

Prophylaktische Wirkung gegen bronchokonstriktorische Stimuli

Die Befunde über die Wirkung der Inhalation eines Muskarinantagonisten vor Applikation unterschiedlicher bronchokonstriktorischer Stimuli sind uneinheitlich. Eine kompetitive Hemmung der Wirkung cholinerger Substanzen (Acetylcholin, Methacholin; Bandouvakis et al., 1981) ist anzunehmen. Für Histamin sind die Befunde uneinheitlich (Woenne et al., 1978; Bandouvakis et al., 1981; Clark et al., 1982). Auch die bronchokonstriktorische Wirkung von Betablockern läßt sich mit Muskarinantagonisten (Atropin, Oxitropiumbromid) unterdrücken (Ind

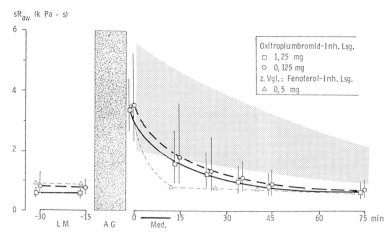

Abb. 1. Bronchodilatatorische Wirkung von Oxitropiumbromid-Inhalationslösung (1,25 und 0,125 mg) im Vergleich zu Fenoterol-Inhalationslösung (0,25 mg) bei allergeninduzierter Atemwegsobstruktion. Grau: „Normalbereich" des Abfalls der sRaw nach Allergenprovokation. Je zehn Patienten mit exogenallergischem Asthma pro Gruppe

et al., 1989). Bei Allergen-Provokationstests fanden mehrere Untersucher mit bis zu 1000 µg Ipratropiumbromid eine Hemmung der Sofortreaktion (Orehek et al., 1975; Cockcroft et al., 1978; Schultze-Werninghaus et al., 1979; Schultze-Werninghaus, 1981 c; Clarke et al., 1982; Schultze-Werninghaus u. Meier-Sydow, 1983; Schultze-Werninghaus u. Meier-Sydow, 1986), während von anderen Untersuchern eine solche nicht gesehen wurde (Howarth et al., 1985); vgl. Abb. 3. Eine völlige Unterdrückung der akuten Allergeneffekte, wie nach prophylaktischer Gabe von β-Agonisten erreichbar, ist mit Anticholinergika nicht zu erzielen (Schultze-Werninghaus und Meier-Sydow, 1983).

Auch die Befunde über einen Schutz selbst hoher Dosen (bis zu 2000 µg Ipratropiumbromid) vor belastungsinduzierter Bronchokonstriktion sind nicht einheitlich (mäßige Protektion: Godfrey u. König, 1976; keine Hemmung: Poppius et al., 1986). In gleicher Weise sind bei Kaltlufthyperventilation keine übereinstimmenden Befunde erhoben worden (Sheppard et al., 1982; Tam et al., 1983 a). Die Atemwegsobstruktion nach SO_2 ließ sich durch Ipratropiumbromid mäßiggradig hemmen (Tan et al., 1982; Tam et al., 1983).

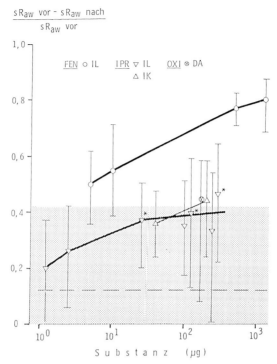

Abb. 2. Dosis-Wirkungs-Untersuchungen mit Ipratropiumbromid und Fenoterol bei allergeninduzierter Atemwegsobstruktion. Je sechs bis zehn Patienten pro applizierter Dosis. Inhalationslösung (IL); zum Vergleich eingetragen Dosieraerosol DA (auch Oxitropiumbromid) und Inhalationskapseln IK. Grau: „Normalbereich" nach Placebo oder ohne Medikation. Werte sämtlich 10 Minuten nach Ende der Medikation, relative Änderung zu Wert vor Medikation

Aus diesen Befunden läßt sich ableiten, daß cholinerge Mechanismen für die Sofortreaktion nach unterschiedlichen bronchokonstriktorischen Stimuli offenbar nur von untergeordneter Bedeutung sind. Die variable und nicht sicher dosisabhängige Hemmwirkung gegen verschiedenartige Stimuli (Schultze-Werninghaus u. Meier-Sydow, 1983; Tam et al., 1983) spricht für einen *funktionellen Antagonismus.* Sie beruht wahrscheinlich vorwiegend auf der Änderung des Bronchialmuskeltonus bzw. der größeren Toleranz gegen bronchokonstriktorische Stimuli nach vorheriger Bronchodilatation (Änderung der Atemwegsgeometrie).

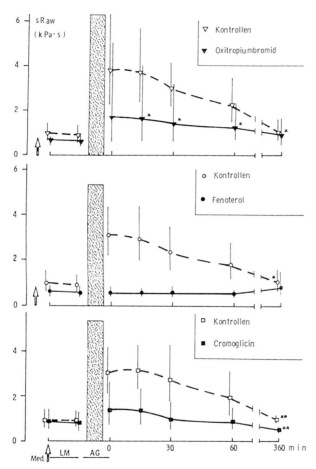

Abb. 3. Protektive Wirkung gegen allergeninduzierte Atemwegsobstruktion von Oxitropiumbromid, Dosieraerosol 0,2 mg, im Doppelblindvergleich mit Fenoterol, Dosieraerosol 0,4 mg, und offenem Vergleich mit 20 mg DNCG (Pulveraerosol) bei je zwölf Patienten. Nach Schultze-Werninghaus, 1981 c

Die potentielle therapeutische Wirksamkeit läßt sich nicht mit cholinergen Hyperreagibilitätstests abschätzen; es besteht keine Beziehung zwischen anticholinerger Effektivität und Empfindlichkeit der Atemwege gegen cholinerge Stimulation (Methacholin) (Schultze-Werninghaus u. Meier-Sydow, 1983).

Nicht untersucht ist, ob Muskarinantagonisten eine Wirkung gegen die verzögerten Reaktionen nach Allergen-Provokation besitzen.

Unklar ist auch, ob durch Muskarinantagonisten eine Freisetzungshemmung von Mediatoren erreicht werden kann, wie aufgrund von Befunden angenommen worden war, die eine Stimulation der Mediatorfreisetzung durch Cholinergika aus Lungengewebe gezeigt hatten (Kaliner et al., 1972). Von Morr (1979) war nur eine geringe Beeinflussung der Histaminfreisetzung aus sensibilisiertem Lungengewebe festgestellt worden, und Howarth et al. (1985) sahen keine Suppression der Histamin- und NCF-Freisetzung in die Zirkulation nach Allergen-Provokation in vivo. Insgesamt sind somit relevante antiallergische bzw. antianaphylaktische Eigenschaften der Muskarinantagonisten wenig wahrscheinlich.

Sonstige Wirkungen

Eine cholinerge Stimulation der Schleimdrüsen führt zur Produktion eines vermehrten, in seiner Zusammensetzung aber nicht veränderten Sekrets (Nadel, 1983 a). Die Inhalation der modernen Muskarinantagonisten hat jedoch keine klinisch relevante Sekretionshemmung und keine Verminderung der mukoziliären Clearance zur Folge (Konietzko et al., 1974).

Bei parenteraler Verabreichung besitzen auch die modernen quaternären Ammoniumbasen Ipratropium- und Oxitropiumbromid die von Atropin bekannten kardialen Wirkungen. Diese werden bei Bradykardien genutzt (Itrop®). Da derartige Nebenwirkungen nach Inhalation nicht beobachtet werden, läßt sich ableiten, daß keine klinisch relevante Resorption stattfindet. Dies wird auch durch die vorliegenden pharmakologischen Daten bestätigt (Deckers, 1975).

Unklar ist, worauf die bei Asthma festgestellten oder angenommenen Wirkungsunterschiede der Muskarinantagonisten beruhen. Während die Ergebnisse für Ipratropium- und Oxitropiumbromid keine nennenswerten Unterschiede erkennen lassen, könnten manche Abweichungen bezüglich ihrer protektiven, bronchodilatierenden und sekretionsaktiven Wirkungen zwischen Studien mit Atropin bzw. Atropinsulfat oder -methonitrat und Ipratropium- bzw. Oxitropiumbromid auf Unterschieden in der Wirkung auf M-Rezeptor-Subklassen beruhen (z. B. fanden Burge et al., 1980, eine deutlich bessere bronchodilatierende Wirkung von 4,5 mg Atropin gegenüber 120 µg Ipratropium, jeweils per Inhalation).

Therapeutische Aspekte

Die bronchodilatierende Wirkung von Ipratropium- und Oxitropiumbromid bei Asthma ist variabel und meistens geringer als die der β_2-Agonisten. So ist eine Monotherapie mit Muskarinantagonisten bei Asthma weniger geeignet als bei chronisch-obstruktiver Bronchitis; ältere Patienten profitieren mehr als jüngere (Ullah et al., 1981). Sollen die prophylaktischen Eigenschaften therapeutisch genutzt werden, so ist eine inhalative Kombinationstherapie mit β_2-Agonisten, ggfs. auch weiteren Antiasthmatika indiziert.

Bei chronisch-obstruktiver Bronchitis ist eine Kombination von Muskarinantagonisten mit β_2-Agonisten regelmäßig zu empfehlen, da besonders hier additive Wirkungen erwartet werden können (Frith et al., 1986); bei erheblichen Herzrhythmusstörungen kann eine Monotherapie mit Muskarinantagonisten indiziert sein. Bei chronisch-obstruktiver Bronchitis ist auch bei Monotherapie mit Muskarinantagonisten eine relativ bessere therapeutische Wirkung zu erwarten als bei Asthma (Marlin et al., 1976).

Auch bei Dauertherapie ist keine Verringerung der Hyperreagibilität zu erwarten. Nachgewiesen ist, daß sich die zirkadiane Rhythmik des PEF (deren Ausmaß mit dem Hyperreagibilitätsgrad korreliert; Hargreave et al., 1981) unter Anticholinergika nicht ändert (Bratteby et al., 1986). Jüngst wurde in einer Doppelblindstudie von Raes et al. (1989) bestätigt, daß unter Therapie mit Anticholinergika keine Änderung der Empfindlichkeit im unspezifischen Provokationstest nachweisbar ist.

In der Notfalltherapie bzw. bei schwerem Asthma sind uneinheitliche Ergebnisse erzielt worden. So fanden Ward et al. (1981) keine Unterschiede zwischen der Wirkung von 10 mg Salbutamol oder 0,5 mg Ipratropiumbromid per Inhalator und eine deutlich additive Wirkung beider Substanzen im Vergleich mit zweimal 10 mg Salbutamol. Demgegenüber beschrieben Karpel et al. (1986) eine signifikant bessere Bronchodilatation nach Inhalation von 30 mg Orciprenalin als nach 3,2 mg Atropinsulfat. Bislang ist der Einsatz von Muskarinantagonisten beim schweren Asthmaanfall nicht eingeführt. Ein Therapieversuch mit

Inhalation einer Dosis von 1–2 mg Ipratropiumbromid-Inhalationslösung sollte nach den Ergebnissen von Ward et al. insbesondere dann unternommen werden, wenn β2-Agonisten keine ausreichende Wirkung zeigen.

Schlußfolgerungen

Die bronchospasmolytische Wirkung der quaternären Ammoniumbasen Ipratropiumbromid und Oxitropiumbromid ist variabel, in Abhängigkeit vom klinischen Bild der Atemwegsobstruktion. Bei „reinem" Asthma, insbesondere bei allergeninduzierter Obstruktion, ist die Wirkung geringer als die von β-Agonisten. Hingegen sind Anticholinergika und β-Agonisten bei chronisch-obstruktiver Bronchitis als Bronchodilatatoren etwa gleichwertig, als Hinweis auf die größere relative Bedeutung cholinerger Mechanismen bei chronischer Bronchitis.

So haben sich die ursprünglichen Erwartungen an die therapeutische Aktivität der Anticholinergika bei Asthma nicht in vollem Umfang erfüllt. Zum einen mag dies an der Überbewertung reflektorischer bzw. cholinerger Mechanismen bei obstruktiven Atemwegserkrankungen liegen. Zum anderen bleibt zu prüfen, ob die gegenwärtig verfügbaren Anticholinergika bereits das Optimum darstellen oder ob evtl. eine Wirkungsverbesserung durch andere Muskarinrezeptor-Antagonisten erreicht werden könnte. Schließlich bleibt abzuwarten, ob die Differenzierung der Muskarinrezeptoren in Subtypen bzw. die Entwicklung spezifischer Antagonisten zu einer Wirkungsverbesserung beitragen wird.

Literatur

1. Bandouvakis J, Cartier A, Roberts R, Ryan G, Hargreave FE (1981) The effect of ipratropium and fenoterol on methacholine – and histamine – induced bronchoconstriction. Br J Dis Chest 75: 295–305
2. Barnes PJ (1989) Muscarinic receptor subtypes: implications for lung disease (Editorial). Thorax 44: 161–167
3. Bratteby LE, Foucard T, Lönnerhelm G (1986) Combined treatment with ipratropium bromide and beta-2-adrenoceptor agonists in childhood asthma. Eur J Respir Dis 68: 239–247
4. Burge PS, Harries MG, l'Anson E (1980) Comparison of atropine with ipratropium bromide in patients with reversible airways obstruction unresponsive to salbutamol. Br J Dis Chest 74: 259–262

5. Clarke PS, Jarrett RG, Hall GJ (1982) The protective effect of ipratropium bromide aerosol against bronchospasm induced by hyperventilation and the inhalation of allergen, methacholine and histamine. Ann Allergy 48: 180–183
6. Cockcroft DW, Ruffin RE, Hargreave FE (1978) Effect of Sch1000 in allergen-induced asthma. Clin Allergy 8: 361–372
7. Deckers W (1975) The chemistry of new derivatives of tropane alkaloids and the pharmacokinetics of a new quaternary compounds. Postgrad Med J 51 [Suppl 7]: 76–81
8. Frith PA, Jenner B, Dangerfield R, Atkinson J, Drennan C (1986) Oxitropium bromide. Dose-response and time-response study of a new anticholinergic bronchodilator drug. Chest 89: 249–253
9. Gandevia B (1975) Historical review of the use of parasympathicolytic agents in the treatment of respiratory disorders. Postgrad Med J 51 [Suppl 7]: 13–20
10. Godfrey S, König P (1976) Inhibition of exercise-induced asthma by different pharmacological pathways. Thorax 31: 137–143
11. Gold WM, Kessler GF, Yu DYC (1972) Role of vagus nerves in experimental asthma in allergic dogs. J Appl Physiol 33: 719–725
12. Hahn HL (1988) Rolle nervöser und neurohumoraler Mechanismen bei Atemwegsentzündung und Hyperreagibilität. In: Schultze-Werninghaus G, Debelić M (Hrsg) Asthma. Grundlagen, Diagnostik, Therapie. Springer, Heidelberg, S 96–126
13. Hammer R, Ladinsky H, De Conti L (1986) In-vivo labelling of peripheral muscarinic receptors. Trends Pharmacol Sci 7 [Suppl]: 33–38
14. Hargreave FE, Ryan G, Thomas NC, O'Byrne PM, Latimer K, Juniper EF, Dolovich J (1981) Bronchial responsiveness to histamine or methacholine in asthma measurement and clinical significance. J Allergy Clin Immunol 68: 347–355
15. Howarth PH, Durham SR, Lee TH, Kay B, Church MK, Holgate ST (1985) Influence of albuterol, cromolyn sodium and ipratropium bromide on the airway and circulating mediator responses to allergen bronchial provocation in asthma. Am Rev Respir Dis 132: 986–992
16. Ind PW, Dixon CMS, Fuller RW, Barnes PJ (1989) Anticholinergic blockade of beta-blocker-induced bronchoconstriction. Am Rev Respir Dis 139: 1390–1394
17. Islam MS, Ulmer WT (1984) Influence of the inhalative aerosol Atrovent on airway resistance and intrathoracic gas volume in healthy volunteers of different ages. Respiration 45: 225–231
18. Kaliner M, Orange RP, Austen KF (1972) Immunological release of histamine and slow reacting substance of anaphylaxis from human lung. IV. Enhancement by cholinergic and alpha-adrenergic stimulation. J Exp Med 136: 556–567
19. Karpel JP, Appel D, Breidbart D, Fusco MJ (1986) A comparison of atropine sulfate and metaproterenol sulfate in the emergency treatment of asthma. Am Rev Respir Dis 133: 727–729

20. Konietzko N, Müller M, Adam WE, Matthys H (1974) Untersuchungen zur mukoziliären Clearance nach Anwendung von Atrovent bei Gesunden und Patienten mit chronischer Bronchitis. Wien Med Wochenschr 124 [Suppl 21]: 15–19
21. Marlin et al. (1978) Letter. Br J Clin Pharm 6
22. Morr H (1979) Immunological release of histamine from human lung. II. Studies on acetylcholine and the anticholinergic agent ipratropium bromide. Respiration 38: 273–279
23. Nadel JA (1963) Mechanisms controlling airway size. Arch Environ Health 7: 179–182
24. Nadel JA (1980) Autonomic regulation of airway smooth muscle. In: Nadel JA (ed) Physiology and Pharmacology of the Airways. Marcel Dekker, New York, pp 217–257
25. Nadel JA (1983 a) Neural control of airway submucosal gland secretion. Eur J Respir Dis 64 [Suppl 128]: 322–326
26. Nadel JA (1983 b) In: Schultze-Werninghaus G, Widdicombe JG (eds) Role of anticholinergic drugs in obstructive airway disease. Gedon & Reuss, München, pp 116–126
27. Nadel JA, Tamplin B, Tokiwa Y (1965) Mechanism of bronchoconstriction during inhalation of sulfur dioxide; reflex involving vagus nerves. Arch Environ Health 10: 175–178
28. Nadel JA, Barnes BJ (1984) Autonomic regulation of the airways. Annu Rev Med 35: 451–467
29. Orehek J, Gayrard P, Grimaud C, Charpin J (1975) The role of Sch1000 MDI in preventing changes in SRaw following grass pollen challenge in allergic asthmatics (abstr). Postgrad Med J 51 [Suppl 7]: 105
30. Poppius H, Salorinne Y (1973) Comparative trial of a new anticholinergic bronchodilator, Sch1000, and salbutamol in chronic bronchitis. Br Med J 4: 134–136
31. Poppius H, Sovijärvi ARA, Tammilehto L (1986) Lack of protective effect of high-dose ipratropium on bronchoconstriction following exercise with cold air breathing in patients with mild asthma. Eur J Respir Dis 68: 319–325
32. Raes M, Mulder P, Kerrebijn KF (1989) Long term effect of ipratropium bromide and fenoterol on the bronchial hyperresponsiveness to histamine in children with asthma. J Allergy Clin Immunol 84: 874–879
33. Ruffin RE, Fitzgerald JD, Rebuck AS (1977) A comparison of the bronchodilator activity of Sch1000 and Salbutamol. J Allergy Clin Immunol 59: 136–141
34. Schultze-Werninghaus G (1979) Die Bedeutung der Parasympathikolytika in der Behandlung obstruktiver Lungenerkrankungen. In: Kaik G, Hitzenberger G (Hrsg) Die medikamentöse Behandlung der obstruktiven Atemwegserkrankungen. Schnetztor, Konstanz, pp 95–105
35. Schultze-Werninghaus G (1981 a) Dosis-Wirkungs-Untersuchungen zur Frage der additiven Wirkung eines β_2-Sympathikomimetikums und eines Anticholinergikums bei allergischem Asthma bronchiale. Atemw-Lungenkrkh 7: 57–65

36. Schultze-Werninghaus G (1981 b) Erwünschte und unerwünschte Wirkungen bei der Anwendung von antiallergischen Arzneimitteln. Pharmakotherapie 4: 168–177
37. Schultze-Werninghaus G (1981 c) Anticholinergic versus β_2-adrenergic therapy in allergic airways obstruction. Double-blind trials on bronchodilator effect and antiallergic protection of oxitropium bromide and fenoterol. Respiration 41: 239–247
38. Schultze-Werninghaus G, Gonsior E, Meier-Sydow J (1976) Broncholytic and protective effects of antiallergic drugs in allergen inhalation tests. Pneumonology 30 [Suppl]: 161–169
39. Schultze-Werninghaus G, Gonsior E, Meier-Sydow J (1979) Parasympathikolytika in der Behandlung obstruktiver Atemwegserkrankungen. Vergleich der Wirkung von Ipratropiumbromid-Inhalationslösung bei Asthma bronchiale mit β-Sympathikomimetika und Dinatrium cromoglicicum. Dtsch Med Wochenschr 104: 1099–1104
40. Schultze-Werninghaus G, Meier-Sydow J (1983) Anticholinergic agents in allergic airways obstruction. In: Schultze-Werninghaus G, Widdicombe JG (eds) Role of anticholinergic drugs in obstructive airway disease. Gedon & Reuss, München, pp 116–126
41. Schultze-Werninghaus G, Meier-Sydow J (1986) Protektive Wirkung hoher Anticholinergika-Dosierungen bei Allergen-induzierter bronchialer Sofortreaktion – eine Doppelblindstudie. In: Bochumer Treff 1985. Gedon & Reuss, München, pp 137–152
42. Schultze-Werninghaus G, Bergmann E-M, Gonsior E, Meier-Sydow J (1987) Hochdosierte Anticholinergika bei bronchialen Allergenprovokationsproben. In: Petro W (Hrsg) Vagus und Bronchialobstruktion. Dustri, Deisenhofen, S 103–119
43. Sheppard D, Epstein J, Holtzman J, Nadel JA, Boushey HA (1982) Dose-dependent inhibition of cold air-induced bronchoconstriction by atropine. J Appl Physiol 53: 169–174
44. Storms WW, Bodman SF, Nathan RA, Busse WW, Bush RK, Falliers CJ, O'Hollaren JD, Weg JG (1986) Use of ipratropium bromide in asthma. Results of a multi-clinic study. Am J Med 81 [Suppl 5A]: 61–66
45. Tam E, Sheppard D, Epstein J, Bethel R, Boushey H (1983) Lack of dose dependency for ipratropium bromide's inhibitory effect on sulphur dioxide-induced bronchospasm in asthmatic subjects (abstr). Am Rev Respir Dis 127: 257
46. Tan WC, Cripps E, Douglas N, Sudlow MF (1982) Protective effect of drugs on bronchoconstriction induced by sulphur dioxide. Thorax 37: 671–676
47. Tashkin DP, Ashutosh K, Bleecker ER, Britt EJ, Cugell DW, Cummiskey JM, DeLorenzo L, Gilman MJ, Gross GN, Gross NJ, Kotch A, Lakshminarayan S, Maguire G, Miller M, Plummer A, Renzetti A, Sackner MA, Skorodin MS, Wanner A, Watanabe S (1986) Comparison of the anticholinergic bronchodilator ipratropium bromide with metaproterenol in chronic obstructive pulmonary disease. A 90-day multi-center study. Am J Med 81 [Suppl 5A]: 81–90

48. Ullah MI, Newman GB, Saunders KB (1981) Influence of age on response to ipratropium and salbutamol in asthma. Thorax 36: 523–529
49. Ulmer WT (1971) Inhalationstherapie mit Atropinderivaten. Med Klin 66: 326–329
50. Ulmer WT (1981) Bedeutung der Hyperreagibilität für Diagnostik und Therapie obstruktiver Atemwegserkrankungen. Pharmakotherapie 5: 185–190
51. Ulmer WT, Zimmermann I, Islam MS (1982) Das überempfindliche Bronchialsystem. Experimental Facts III. In: Bochumer Treff 1982: Das überempfindliche Bronchialsystem. Gedon & Reuss, München, pp 26–49
52. Ward MJ, Fentem PH, Smith WH, Davies D (1981) Ipratropium bromide in acute asthma. Br Med J (Clin Res) 282: 598–600
53. Woenne R, Kattan M, Orange RP, Levison H (1978) Bronchial hyperreactivity to histamine and methacholine in asthmatic children after inhalation of Sch1000 and chlorpheniramine maleate. J Allergy Clin Immunol 12: 119–124

Korrespondenz: PD Dr. G. Schultze-Werninghaus, Abteilung für Pneumologie, Zentrum der Inneren Medizin, Klinikum der J. W. Goethe-Universität, Theodor-Stern-Kai 7, D-W-6000 Frankfurt/Main 70, Bundesrepublik Deutschland.

Die Rolle des Vagus am kindlichen Bronchialsystem

H. Lindemann, C. Bultmann und *G. Hüls*

Universitäts-Kinderklinik Gießen, Bundesrepublik Deutschland

Zusammenfassung

Aufgrund ihrer großen therapeutischen Breite sind Anticholinergika im frühen Kindesalter das Mittel der Wahl zur Bronchodilatation. Nach Untersuchungen an 60 Säuglingen und Kleinkindern im Alter von 2 bis 18 Monaten mit rezidivierender bronchialer Obstruktion ist – trotz Applikation mittels Düsenvernebler über eine Gesichtsmaske – eine Einzeldosis von 0,1 mg Ipratropiumbromid ausreichend, das Wirkungsoptimum zu erzielen.

Im Vorschul- und Schulalter scheint nach den Ergebnissen einer Doppelblindstudie an 163 Kindern mit Asthma im Alter von drei bis zwölf Jahren in der Langzeitanwendung Ipratropiumbromid dem β_2-Mimetikum fast ebenbürtig zu sein. Die Wirksamkeit der m-Cholinozeptor-Antagonisten ist vor allem bei allergie- und anstrengungsbedingter Obstruktion limitiert.

Wie Untersuchungen an 20 Asthmapatienten im Alter von 5 bis 13 Jahren zeigten, die eine Mischung von Fenoterol (0,1 mg) und Ipratropiumbromid (0,04 mg) in Pulverform bzw. Fenoterol-(0,2 mg)-Pulver inhalierten, wird es wahrscheinlich in der Kombination mit einem niedrigdosierten β_2-Mimetikum am sinnvollsten eingesetzt. Dies gilt auch für Mukoviszidose-Patienten, bei denen das Anticholinergikum wegen der vernachlässigbaren Nebenwirkungen eine gute Möglichkeit zur Herabsetzung des Muskeltonus und zur passageren Dämpfung der infektbedingten und spezifischen bronchialen Hyperreaktivität darstellt.

Untersuchungen im frühen Kindesalter

Aus morphologischen Untersuchungen wissen wir, daß Fasern des N. vagus bis in die kleinsten Aufzweigungen des Atemwegssystems zu finden sind [4]. Ferner ist bekannt, daß Bronchialmuskulatur bereits beim Neugeborenen vorhanden ist [23, 25]. Daß diese Muskulatur zur Bronchokonstriktion fähig, also funktionstüchtig ist, belegen unspezifische bronchiale Provokationstests, die mit Histamin, (destilliertem) Wasser bzw. Kaltluft durchgeführt wurden [7, 9, 24].

Inwieweit bereits bei jungen Säuglingen vagale Reflexmechanismen eine Rolle spielen, läßt sich vorrangig am erfolgreichen protektiven oder bronchospasmolytischen Einsatz von m-Cholinozeptor-Antagonisten feststellen. Bezüglich der Frage der **protektiven** Verwendung derartiger Substanzen ergibt sich ein Problem daraus, daß die Durchführung unspezifischer bronchialer Provokationen aus ethischen Gründen wegen der Notwendigkeit einer intensiveren Sedierung nur in Ausnahmefällen zu rechtfertigen ist.

Demzufolge ist der Wirkungsnachweis von m-Cholinozeptor-Antagonisten bei bestehender bronchialer Obstruktion das geeignetste Modell zur Abschätzung der Rolle des Vagus im frühen Kindesalter.

Erschwerend wirkt sich aus, daß Lungenfunktionsuntersuchungen bei Säuglingen und die inhalative Applikation über die Nase erfolgt. So ist es erklärlich, daß bislang widersprüchliche Aussagen zur Wirksamkeit von Anticholinergika bei Säuglingen vorliegen [10, 21, 28, 29].

Anhand einer inhalationsszintigraphischen Darstellung konnten wir kürzlich zeigen, daß trotz nasaler Applikation, infolge der altersspezifischen Anatomie, mit einer guten intrathorakalen Partikeldeposition gerechnet werden kann [17]. Ferner ließ sich nachweisen, daß die Wirkung von Ipratropiumbromid derjenigen anderer Bronchospasmolytika ebenbürtig ist [12]. Als wichtigster Vorteil ist die Tatsache anzusehen, daß selbst bei hoher Dosierung nur in geringem Maß unerwünschte Wirkungen auftreten, so daß Anticholinergika zur bronchospasmolytischen Behandlung im frühen Kindesalter besonders geeignet erscheinen.

Dosisfindungsuntersuchungen

Bisher war in den erwähnten früheren Studien eine Einzeldosis von 0,25 mg Ipratropiumbromid verwendet worden, also eine recht hohe

Dosis. Da man bei Erwachsenen davon ausgeht, daß eine Dosis von 0,04 mg für eine optimale Atemwegserweiterung ausreicht [26], war es naheliegend, eine Vergleichsstudie bei Säuglingen durchzuführen, in der zu prüfen war, ob eine niedrigere als bisher übliche Dosis den gleichen bronchospasmolytischen Effekt zeitigen würde.

Bei 60 Säuglingen und Kleinkindern im Alter von 2 bis 18 Monaten mit rezidivierender bronchialer Obstruktion wurde in randomisierter Reihenfolge eine inhalative Applikation von
- 1 mg 0,025%iger Ipratropiumbromid-Lösung (entsprechend 250 µg) auf 1 ml isotone Kochsalzlösung,
- 10 Tropfen Ipratropiumbromid-Lösung (entsprechend 100 µg) auf 2 ml isotone Kochsalzlösung bzw.
- 2 ml isotone Kochsalzlösung

vorgenommen.

Die Inhalationslösungen wurden mit einer in den Inhalationsweg integrierten Wärmelampe auf Temperaturen zwischen 33 und 35° C vorgewärmt. Auf diese Weise sollte eine unspezifische Irritation der Bronchialschleimhaut durch kühles Inhalat weitgehend ausgeschaltet werden. Die Vernebelung wurde über eine oronasale Maske mit Hilfe des PARI-„Standard" vorgenommen (mittlere Partikelgröße 3,8 ± 2,05 µm, Flow 4 l/min).

Lungenfunktionsuntersuchungen

wurden in einem speziellen Ganzkörperplethysmographen für Säuglinge durchgeführt, der mit einem geheizten Rückatmungsbeutel ausgerüstet war (Baby-Plethysmograph der Firma Jaeger, Würzburg). Die Auswertung der „Resistance"-Diagramme basierte auf dem maximalen exspiratorischen Druckgradienten und dem zugehörigen Flow. Der Nasenwiderstand wurde mittels anteriorer Rhinomanometrie bestimmt.

Die Beurteilung der broncholytischen Wirksamkeit erfolgte anhand der Änderungen der spezifischen Conductance.

Die **Ergebnisse** sind Abb. 1 bzw. Tabelle 1 zu entnehmen.

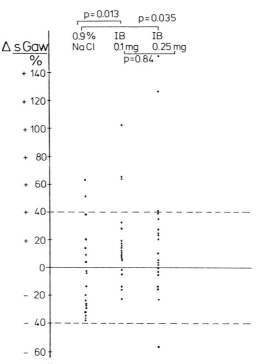

Abb. 1. Prozentuale Änderung der spezifischen Conductance (Δ sGaw %) bei 60 Säuglingen und Kleinkindern mit rezidivierender obstruktiver Bronchitis nach Inhalationen mit isotoner NaCl-Lösung bzw. Ipratropiumbromid-Lösung (IB) in zwei verschiedenen Konzentrationen. Erläuterungen im Text

Tabelle 1. Prozentuale Änderung der sGaw (%) bei 60 Säuglingen mit obstruktiver Bronchitis nach Inhalationen mit 0,9% NaCl- bzw. Ipratropiumbromid-Lösung (IB)

	NaCl 9,0 %	IB 0,1 mg	IB 0,25 mg
$\bar{x}$	− 7,3	+ 17,6	+ 19,5
$s\,\bar{x}$	± 34,3	± 30,2	± 47,4
Min.	− 87,0	− 22,6	− 56,2
Max.	+ 63,1	+ 102,4	+ 152,4
p		0,013	0,035

Daraus geht hervor, daß Ipratropiumbromid sowohl in hoher als auch in niedriger Dosierung im Vergleich zur Kochsalzlösung einen signifikanten bronchospasmolytischen Effekt hat. Ein Unterschied der Effizienz zwischen beiden Ipratropiumbromid-Gruppen war nicht zu objektivieren (p = 0,8 im U-Test nach Whitney und Mann).

Weitere Dosisfindungsstudien müssen zeigen, ob man die Dosierung noch weiter herabsetzen kann. Hier ist allerdings zu bedenken, daß bei Säuglingen eine kontinuierliche Insufflation durchgeführt werden muß, da eine inspiratorische Triggerung der inhalativen Applikation in der Regel nicht möglich ist. Ferner ist zu beachten, daß bei nichtsedierten Säuglingen und Kleinkindern die Gesichtsmaske weniger dicht an die Gesichtshaut angelegt werden kann als unter Sedierungsbedingungen. Es ist ferner – auch aus eigenen Messungen – bekannt, daß ein großer Teil des Inhalates (bis zu 50%) im Inhalationsbehälter bzw. Verneblungssystem verbleibt. Bei der großen therapeutischen Breite des Ipratropiumbromids sollte daher nicht zu knapp kalkuliert werden, damit man ein Optimum an Wirkung erzielt.

Auch die Dosisfindungsstudien an älteren Kindern und Jugendlichen von Davis et al. an Schulkindern und Jugendlichen im Alter von 9 bis 17 Jahren lassen darauf schließen, daß man die Dosierung nicht zu niedrig wählen sollte, auch wenn das Optimum des forcierten Exspirationsvolumens in einer Sekunde (FEV 1) nach inhalativer Applikation von 25 µg Ipratropiumbromid festzustellen war [6].

Anticholinergika bei Kindern im Vorschul- und Schulalter

Untersuchungsergebnisse verschiedener Arbeitsgruppen belegen, daß Anticholinergika bei Kindern einen guten bronchospasmolytischen Effekt haben [3, 11, 13, 20, 21, 22].

Allerdings besteht Einigkeit darüber, daß die Wirksamkeit der Anticholinergika bei allergie- und anstrengungsbedingten Obstruktionen begrenzt ist [Übersicht bei 26].

Da bei Kindern, häufiger als allgemein angenommen, Infekte und unspezifische Reize für die bronchiale Obstruktion verantwortlich sind, erschien es uns sinnvoll, die Wirkung des Ipratropiumbromids bei Kindern noch einmal auszuloten. In einer doppelblinden multizentrischen klinischen Prüfung wurde insgesamt 163 Kindern mit Asthma im Alter von drei bis zwölf Jahren als Monopräparate Ipratropiumbromid (0,02 mg) und Fenoterol (0,1 mg) über einen Zeitraum von vier Wochen verabreicht. Sowohl unter Ipratropiumbromid als auch unter Fenoterol kam es bei sonst gleichbleibender Zusatztherapie anhand des Symptome-Scores zu einem deutlichen Therapieerfolg. Unter beiden Präparaten besserte sich der Flow um durchschnittlich 20% (19,4% bzw. 22,5%). Eine therapeutische Überlegenheit einer der beiden Substanzen war in diesem längerfristigen Versuch nicht festzustellen [11].

Auch wenn weitergehende Lungenfunktionsuntersuchungen, insbesondere bodyplethysmographische Messungen, nicht durchgeführt wurden, so legen diese Resultate doch nahe, daß ein Anticholinergikum dem β_2-Mimetikum in der Langzeittherapie kaum nachsteht. Wegen der bekannten Latenz des Wirkungseintritts und dem erwähnten schmaleren Wirkungsspektrum wird man dennoch in der Regel die Kombination des Anticholinergikums mit dem β_2-Mimetikum anstreben. Besonders vorteilhaft erscheint dabei die etwas längere Wirkungsdauer des Anticholinergikums [1], so daß häufig eine dreimalige Applikation pro Tag ausreicht.

Auf höherdosiertes β_2-Mimetikum reagieren Kinder nicht selten mit Agitiertheit und Schlafstörungen. Insofern ist die Einsparung β-adrenerger Substanzen von großer Bedeutung. In einer Studie an insgesamt 20 Asthmapatienten im Alter von 5 bis 13 Jahren ergab sich bei dreimaliger bodyplethysmographischer Untersuchung nach Fenoterol-Pulver-Inhalation (0,2 mg) bzw. Fenoterol-Pulver (0,1 mg)/Ipratropiumbromid-Pulver (0,04 mg) eine geringe, statistisch nicht signifikante Überlegenheit des höherdosierten Fenoterols. Bezüglich des klinischen Effektes ließ sich anhand der Beeinflussung asthmatischer Beschwerden in einem Zeitraum von 14 Tagen kein Unterschied zwischen beiden Therapieformen feststellen [18]. Ein für die Kombination Anticholinergikum/β_2-Mimetikum propagierter additiver Effekt [14] ließ sich andererseits nicht bestätigen.

In der Therapie des **akuten Asthmageschehens** wird wegen des schnelleren Wirkungseintritts und der umfassenderen Wirkung dem β_2-Mimetikum der Vorzug gegeben. Allerdings scheint die ergänzende Applikation eines Anticholinergikums in Einzelfällen wertvolle Dienste zu leisten [2, 30].

Anwendung von m-Cholinozeptor-Antagonisten bei Mukoviszidose

In der internistischen Pneumologie wird die chronische obstruktive Bronchitis als eine der wichtigsten Indikationen für Anticholinergika angesehen [8, 31], wobei die Kombination mit einem inhalativen β_2-Sympathikomimetikum als wirksamer gilt als jede Einzelsubstanz [5].

In der Pädiatrie gibt es die chronische obstruktive Bronchitis nicht als eigenständiges Krankheitsbild. Als vergleichbare Krankheit kann jedoch die bronchiale Manifestation der Mukoviszidose (CF) angesehen werden. Auch bei der CF liegt ein persistierender Husten und eine bronchiale Obstruktion vor [32]. Letztere ist zwar progredient, aber erst in der Spätphase des Krankheitsgeschehens irreversibel. Über viele Jahre hin tritt im Gefolge rezidivierender Infektionen des Respirationstraktes immer wieder phasenweise eine bronchiale Hyperreaktivität auf, die behandlungswürdig erscheint. Daß vagale Mechanismen eine Rolle spielen, lassen Untersuchungen von Larsen et al. vermuten, die einen besseren Broncholyseeffekt durch inhaliertes Atropin im Vergleich zu Isoproterenol beobachteten [16]. Es liegt daher nahe, den Einsatz von m-Cholinozeptor-Antagonisten in Erwägung zu ziehen.

In einer 1988 vorgestellten Pilotstudie, durchgeführt an elf CF-Patienten im Alter von 8 bis 29 Jahren, fanden Wiebicke et al. im Vergleich mit 0,9%iger NaCl-Lösung bei vier von elf Patienten, also in etwa einem Drittel, nach Ipratropiumbromid (0,25 mg), das per Düsenvernebler verabreicht wurde, einen überzeugenden broncholytischen Erfolg [33]. Zur Objektivierung des Therapie-Effektes bediente sich diese Arbeitsgruppe allerdings vornehmlich der forcierten Exspirationsmanöver und der statischen Volumina (Residualvolumen und Totalkapazität). Auch den Ergebnissen von Kattan et al. ist zu entnehmen, daß Anticholinergika ihren Platz in der broncholytischen Behandlung der Mukoviszidose haben [15].

In einer eigenen Studie an 55 CF-Patienten im Alter von 4 bis 30 Jahren führten wir kürzlich 116 Broncholyse-Tests mit der Kombination Ipratropiumbromid (0,04 mg)/Fenoterol (0,1 mg) mittels Dosieraerosol (bei Patienten unter zwölf Jahren über Spacer) durch und fanden eine Stunde nach Applikation eine Zunahme der spezifischen Conductance von mehr als 40% in 41,4% der Fälle (Tabelle 2).

Tabelle 2. Broncholyse-Tests an 55 CF-Patienten im Alter von 4 bis 30 Jahren mit 0,04 mg Ipratropiumbromid/0,1 mg Fenoterol
Kriterium: Änderung spezif. Leitfähigkeit (Δ sGaw)

Gesamtzahl der Tests:	116			
signifikanter Effekt		(> + 40 %)	n = 48	(41,4 %
grenzwertig	(+ 30	bis + 40 %)	n = 21	(18,1 %)
negativ)		(± 30 %)	n = 47	(40,5 %)
„paradoxer" Effekt		(< ™ 30 %)	n = 0	(0 %)

Auch erste Untersuchungen unter Einbeziehung der Bestimmung der funktionellen Residualkapazität mittels Heliumeinmischmethode lassen vermuten, daß in größerem Umfang als bisher angenommen CF-Patienten von einer kontinuierlichen Therapie mit einem Bronchodilatator profitieren würden. Ein Therapieerfolg kann sich u. U. ausschließlich in differenzierten Lungenfunktionsbefunden, wie der Abnahme des Trapped gas-Anteils niederschlagen (Tabelle 3). In keinem Fall war bei unseren Untersuchungen eine signifikante Abnahme der spezifischen Conductance im Sinne eines „paradoxen Effektes" festzustellen.

Tabelle 3. 14jähriger CF-Patient: Lungenfunktionsbefunde vor und nach Inhalation von 0,04 mg Ipratropiumbromid (IB) in Form von Dosieraerosol

	vor IB	1 h nach IB
VC (l)	2,77	2,83
PEF (l/min)	348	323
sRaw (hPa s)	6,9	6,5
TGV (l)	1,43	1,27
	(= 71,2 % S.)	(= 63,0 % S.)
„trapped gas"	34,3 % TGV	23,6 % TGV

Dies dürfte darauf zurückzuführen sein, daß wir bei der Beurteilung auf eine Berücksichtigung forcierter Exspirationsmanöver verzichteten. Es ist hinlänglich bekannt, daß bei Bronchialwandinstabilität eine forcierte Atmung zum Bronchialkollaps führt. Dies hat zur Folge, daß eine medikamentöse Minderung des Bronchialtonus bei forcierter Exspiration u. U. einen paradoxen Effekt haben kann [32].

Da maximal forcierte Atemmanöver zu artifiziellen intrathorakalen Druckerhöhungen führen, die nicht einmal unter maximaler körperlicher

Belastung stattfinden, erscheint es – wie die bodyplethysmographischen Resultate zeigen – nicht gerechtfertigt, daraus die Schlußfolgerung zu ziehen, daß Bronchodilatatoren zur Behandlung von CF-Patienten ungeeignet seien. Vielmehr sollten sie fester Bestandteil des Therapieregimes bei der CF-Behandlung sein, auch wenn bei ein und demselben Patienten beträchtliche Schwankungen in der bronchialen Reaktion auf Bronchospasmolytika zu beobachten sind [18] (vgl. Tabelle 4). Dies kann nicht verwundern, da auch beim Asthmatiker eine stark wechselnde Ansprechbarkeit auf Anticholinergika und β-Sympathomimetika bekannt ist [27].

Tabelle 4. Exemplarische Darstellung mehrerer Broncholysetests bei ein und demselben CF-Patienten: Es ist gut ersichtlich, wie variabel die intraindividuelle bronchiale Reaktion ausfällt

Patient		Testergebnisse	
	+	(+)	–
24 J. männl.	n: 3	0	0
22 J. männl.	n: 1	1	3
15 J. männl.	n: 0	2	0
10 J. weibl.	n: 1	0	1
10 J. männl.	n: 2	0	0
10 J. weibl.	n: 0	0	2

(+ = signifikanter broncholytischer Effekt)

Es läßt sich folgendes **Fazit** ziehen: Vieles spricht dafür, daß Anticholinergika im frühen Kindesalter das Mittel der Wahl zur Bronchodilatation sind. Eine Dosis von 0,1 mg Ipratropium in der Ausgangslösung scheint ausreichend zu sein, das Wirkungsoptimum zu erreichen trotz nasaler Applikation mittels Feuchtvernebler und kontinuierlicher Insufflation. Im Vorschul- und Schulkindalter scheint das Anticholinergikum in der Langzeittherapie des Asthma-Syndroms dem $β_2$-Mimetika fast ebenbürtig zu sein. In der Kombination mit einem niedrigdosierten $β_2$-Mimetikum wird es wahrscheinlich am sinnvollsten eingesetzt. Bei CF-Patienten stellen Anticholinergika wegen der vernachlässigbaren Nebenwirkungen eine angemessene Möglichkeit zur Herabsetzung des Muskeltonus und zur passageren Dämpfung der infektbedingten unspezifischen bronchialen Hyperreaktivität dar.

Literatur

1. Barnes PJ (1981) A new approach to the treatment of asthma. N Engl J Med 321: 1517–1527
2. Beck R, Robertson C, Galdes-Sedadt M, Levison H (1985) Combined salbutamol and ipratropium bromide by inhalation in the treatment of severe asthma. J Pediatr 107: 605–608
3. Berdel D, v Berg A (1986) Bronchospasmolytische Wirkung von Fenoterol und Ipratropiumbromid als Einzelsubstanz sowie in der fixen Kombination nach bukkaler Anwendung mittels Dosier-Aerosol bei Kindern. Atemw-Lungenkrkh 12: 262–263
4. Blümcke S (1968) Morphologische Grundlagen der Lungeninnervation. Beitr Klin Tuberk 138: 229–242
5. Brown IG, Chan CS, Kelly CA, Dent AG, Zimmerman PV (1984) Assessment of the clinical usefulness of nebulized ipratropium bromide in patients with chronic airflow limitation. Thorax 39: 272–276
6. Davis A, Vickerson F, Worsley G, Mindorff C, Kazim F, Levison H (1984) Determination of dose-response relationship for nebulized ipratropium bromide in asthmatic children. J Pediatr 105: 1002–1005
7. Greenspan JS, DeGiulio PA, Bhutani VK (1989) Airway reactivity as determined by a cold air challenge in infants with bronchopulmonary dysplasia. J Pediatr 114: 452–454
8. Gross NJ (1987) Anticholinergic agents in chronic bronchitis and emphysema. Postgraduate Medical Journal 63 [Suppl I]: 29–34
9. Gutkowski P, Kowalski J (1984) Zentrale Atemregulation im bronchialen Provokationstest bei Säuglingen und Kleinkindern mit obstruktiver Bronchitis. Atemw-Lungenkrkh 10: 517–521
10. Henry RL, Milner AD, Stockes GM (1983) Ineffectiveness of ipratropium bromide in acute bronchiolitis. Arch Dis Child 58: 925–926
11. Hüls G, Köhler M, Rauber G, Stechert R, Lindemann H (1990) Therapie der rezidivierenden obstruktiven Bronchitis im Kindesalter. TW Pädiatrie 3: 72–80
12. Hüls G, Scheunemann C, Lindemann H (1990) Zur Inhalationsbehandlung der obstruktiven Bronchitis bei Säuglingen und Kleinkindern mit atemwegserweiternden Substanzen. Pneumologie 44: 273–274
13. Islam MS (1982) Zur Ursache des erhöhten Atemwegswiderstandes im Kindesalter. Prax Klin Pneumol 36: 462–465
14. Kaik G (1980) Bronchospasmolytika und ihre klinische Pharmakologie. Urban & Schwarzenberg, München – Wien – Baltimore
15. Kattan M, Mansell A, Levison H (1970) Response to aerosol salbutamol, Sch1000 and placebo in cystic fibrosis. Thorax 35: 835–839
16. Larsen GL (1979) Am Rev Respir Dis 119: 399–407
17. Lindemann H (1988): Indikationen und Formen der inhalativen Therapie, S 348–356. In: Schultze-Werninghaus G, Debelic M (Hrsg): Asthma. Springer, Berlin – Heidelberg – New York – Tokyo
18. Lindemann H, Bauer J (1985) Bronchospasmolytische Therapie mittels Pulverinhalation. Pädiat Prax 31: 249–256

19. Lindemann H, Bittner P (1985) Zum Stellenwert der Bronchospasmolytika bei der Behandlung der Mucoviscidose. Prax Klin Pneumol 39: 864–865
20. Lin Ming R, Lee-Harg C, Collins-Williams C (1978) A clinical trial of the bronchodilator effect of Sch1000 aerosol in asthmatic children. Ann Allergy 40: 326–332
21. Macari R, Lari R, Valeriano R, Tancredi G, Aragona P, Sacerdote MT, Ronchetti R: The efficacy of ipratropium bromide in the treatment of bronchoconstriction in childhood. In: Schultze-Werninghaus G, Widdicombe JG (eds) (1983) Role of anticholinergic drugs in obstructive airway disease. SEPCR. Gedon & Reuss, München, pp 194–210
22. Mann NP, Hiller EJ (1982) Ipratropium bromide in children with asthma. Thorax 37: 72–74
23. Matsuba K, Thurlbeck WM (1972) A morphometric study of bronchial and bronchiolar walls in children. Am Rev Respir Dis 105: 908–913
24. O'Callaghan C, Milner AD, Swarbrick A (1988) Nebulised salbutamol does have a protective effect on airways in children under 1 year old. Arch Dis Child 63: 479–483
25. Polgar G, Weng TR (1979) The functional development of the respiratory system. Am Rev Respir Dis 120: 625–695
26. Schultze-Werninghaus G, Berdel D (1988) Medikamentöse Therapie. S 299–335 In: Schultze-Werninghaus G, Debelic M (Hrsg) Asthma. Springer, Berlin – Heidelberg – New York – Tokyo, S 299–335
27. Schwabl U, Schwabl H, Ulmer WT (1990) Reproduzierbarkeit der bronchospasmolytischen Wirkung von Anticholinergika und β-Sympathikomimetika. Pneumologie 44: 358–359
28. Silverman M (1984) Bronchodilators for wheezy infants? Arch Dis Child 59: 84–87
29. Stokes GM, Milner AD, Hodges IGC, Henry RL, Elphick MC (1983) Nebulized therapy in acute severe bronchiolitis in infancy. Arch Dis Child 58: 279–283
30. Storr J, Lenney W (1986) Nebulized ipratropium and salbutamol in asthma. Arch Dis Child 61: 602–603
31. Tashkin DP, Ashutosh K, Bleecker ER, Britt EJ, Cugell DW, Cummiskey JM, DeLorenzo L, Gilman MJ, Gross GN, Gross NJ, Kotch A, Lakshminarayan S, Maguire G, Miller M, Renzetti A, Sackner MA, Skorodin MS, Wanner A, Watanabe S (1986) Comparison of the anticholinergic bronchodilator ipratropium bromide with meta-proterenol in chronic obstructive pulmonary disease. A 90-day multi-center study. Am J Med 81 [Suppl 5A]: 81–90
32. Taussig LM, Landau LJ, Marks MH (1984) Respiratory system. In: Taussig LM (ed) Cystic fibrosis. Thieme, New York, pp 115–174
33. Wiebicke W, Poynter A, Montgomery M, Pagtakhan R (1990) Der Einfluß von Ipratropiumbromid auf die Lungenfunktion bei Patienten mit zystischer Fibrose. Pneumologie 44: 277–278

Korrespondenz: Prof. Dr. med. H. Lindemann, Zentrum f. Kinderheilkunde der JLU Gießen, Feulgenstraße 12, D-W-6300 Gießen, Bundesrepublik Deutschland.

Vagale Aktivität bei chronischer Bronchitis und Emphysem

N. J. Gross

Departments of Medicine and Biochemistry, Loyola University Medical School and Hines VA Hospital Chicago, USA

Zusammenfassung

Die Anatomie des autonomen Nervensystems in den normalen menschlichen Luftwegen weist darauf hin, daß das parasympathisch cholinerge System für die Regulation des Atemwegskalibers beim Menschen dominant ist. Dies ist bedeutsam für die Behandlung der chronisch obstruktiven Ventilationsstörung (COPD), zumal der cholinergische Bronchialmuskeltonus den einzigen Behandlungsansatz bei der Atemwegsobstruktion bilden dürfte. Während Patienten mit Asthma vielfältige Ursachen ihrer Atemflußbehinderung aufweisen, scheint bei Patienten mit Bronchitis und Emphysem (COPD) der Hauptanteil der reversiblen Komponente durch den cholinergischen Tonus bestimmt zu werden. Der Atemfluß wird am nachhaltigsten mit anticholinergischen Mitteln verbessert. Das Niveau des zugrundeliegenden cholinergischen bronchomotorischen Tonus ist wahrscheinlich bei COPD generell angehoben. Ein gut Teil der von Tag zu Tag zu beobachtenden Variabilität des Atemflusses kann durch die Variabilität des cholinergischen bronchomotorischen Tonus erklärt werden. Beide Befunde legen nahe, daß der dauernde Gebrauch eines anticholinergischen Bronchodilatators eine rationale und überaus effektive Form der Therapie in der täglichen und Langzeitbehandlung dieser Atemwegserkrankungen darstellt. Die optimale Dosis von Ipratropium ist möglicherweise viermal größer, als jene, die derzeit empfohlen wird (0,16 mg anstelle von 0,04 mg).

Einleitung

In den letzten Jahren hat sich herausgestellt, daß das parasympathische System, soweit es durch den Vagus-Nerv vermittelt wird, eine wichtige Rolle in der Atemwegsfunktion spielt, besonders in bezug auf das Kaliber der Luftwege, die Sekretion und den vaskulären Tonus der Lungengefäße. Wir wollen nur den ersten dieser Aspekte behandeln und dabei die Rolle der Anticholinergika im Management von Atemwegserkrankungen herausstellen, besonders bezüglich chronischer Bronchitis und Emphysem. Wir wollen einen Überblick über die Anatomie des cholinergischen Nervensystems und seine Physiologie bieten, vor allem bezüglich der Wirksamkeit von anticholinergischen Medikamenten bei Normalpersonen und bei Patienten mit chronischen Atemwegserkrankungen.

Anatomie und Physiologie des parasympathischen Systems in der Lunge

Die Verteilung und die Verbindung der autonomen Nervenfasern und der muskarinischen Rezeptoren in der Lunge bieten nützliche Anhaltspunkte bezüglich der Art und Weise, auf welche das parasympathische System auf die Luftwege wirkt [1, 2]. Unsere gegenwärtige Kenntnis der efferenten Nerven, welche in Abb. 1 diagrammatisch dargestellt sind, ist wie folgt:

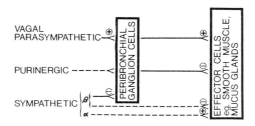

Abb. 1. Diagramm der autonomen Innervation der menschlichen Atemwege.
+: exzitatorisch; −: inhibitorisch; gestrichelt: zweifelhaft
(aus Gross und Skorodin [3])

Die übergroße Mehrheit der efferenten autonomen Nervenfasern in der menschlichen Lunge sind Äste der vagalen parasympathischen Nerven, welche die Lunge am Hilus erreichen und entlang der Bronchien und Bronchiolen weiter in die Lunge ziehen. In einem typischen Zwei-Neuronen-System enden die präganglionären Nerven in den größeren und mittleren Luftwegen an den peribronchialen Ganglien; die kurzen postganglionären Fasern entspringen aus den Ganglien, um weiter durch die anliegenden glatten Muskelzellen und submukösen Drüsen hindurchzuführen oder diese zu umhüllen. Typische neuromuskuläre Verbindungen sind spärlich, dafür sind Varikositäten entlang der postganglionären Faser nachzuweisen, welche wahrscheinlich Vesikeln bilden, wie sie typisch für Acetylcholin sind (wie auch möglicherweise VIP-Vesikeln). Acetylcholin bewirkt eine Kontraktion der glatten Muskelzellen über deren muskarinische Rezeptoren, ein Effekt, der durch die Gabe von Methacholin auf dem inhalativen Wege simuliert werden kann. Atropin und ähnliche anticholinergische Substanzen konkurrieren mit Acetylcholin um den muskarinischen Rezeptor und hemmen die cholinergische Aktivität, so daß es in der Folge zur Relaxation der glatten Atemwegsmuskulatur kommt. Aus experimentellen Ergebnissen wie auch aus der Analogie zu anderen Organsystemen kann man annehmen, daß normalerweise ein niedriges Niveau der cholinergischen Aktivität in den Luftwegen existiert, welches in geringem Maße für die Kontraktion der glatten Atemwegsmuskulatur verantwortlich ist, nämlich der Grundtonus. Die physiologische Funktion dieses Grundtonus der Bronchialmuskeln ist unbekannt. Wenn man ihn aber unterbindet, zum Beispiel durch Atropin, so resultiert daraus eine Bronchodilatation, und zwar sowohl bei Normalpersonen als auch bei Patienten mit Atemwegserkrankungen. Ein Gegengewicht zur vagalen bronchomotorischen Aktivität kommt von anderen Zweigen des autonomen Nervensystems in der Lunge, im Prinzip vom dritten nervalen System (dem purinergischen oder non-adrenergischen), aber ebenso von den β-Anteilen des adrenergen Nervensystems. Die Anatomie des ersteren ist noch immer nicht genau definiert. β-adrenergische Nerven, welche in den menschlichen Luftwegen eher spärlich vorhanden sind, enden kaum jemals an den glatten Muskelzellen selbst. Statt dessen enden sie an den peribronchialen Ganglienzellen, welche $β_2$-Rezeptoren aufweisen, und wo sie möglicherweise die Aktivität des parasympathischen Nervensystems modulieren. Die glatten Muskelzellen der Luftwege haben ebenfalls $β_2$-Rezeptoren, deren Stimulation in einer Relaxation der glatten Muskulatur resultiert. Aus diesem Schema wird ersichtlich, daß die Aktivierung von β_2-Rezeptoren sowohl das Niveau des parasympathischen Antriebs auf der Ebene der peribronchialen Ganglienzellen reduziert, als auch dem Effekt an der glatten Muskulatur selbst entgegenwirkt. Bei Wegfall einer cholinergisch-mediierten Kontraktion der glatten Muskulatur ist die Rolle der adrenergischen Agonisten sehr begrenzt. In diesem Falle wirken adrenergische Substanzen an den Luftwegen gewissermaßen anticholinergisch.

Zusätzlich zu den efferenten autonomen Nerven gibt es auch eine Menge afferenter Nervenfasern in der menschlichen Lunge [4]. Sensible Endigungen sind im gesamten Verzweigungssystem der menschlichen Luftwege verteilt, von der Nase angefangen, bis zu den kleinen Luftwegen (und wahrscheinlich auch im Oesophagus). Im Rahmen dieses Artikels wollen wir uns hauptsächlich mit den sogenannten „Irritant"-Rezeptoren und „C-Fasern" beschäftigen. Diese sensorischen Nervendigungen sprechen auf eine große Vielfalt von Stimuli an wie Partikel, Tröpfchen, Dämpfe, Reizgase, Temperaturunterschiede und allergische Mediatoren. Ihre afferenten Fasern laufen im Vagusnerv zu den vagalen Kernen in der Medulla des zentralen Nervensystems. Extensive physiologische Untersuchungen von Ulmer [5], Widdicombe [6], Nadel [7] und anderen lassen vermuten, daß die Aktivierung dieser Rezeptoren in einer efferenten Reflexvagusbronchokonstriktion resultiert, ein Schema, welches in der Abb. 2 dargestellt ist. Das Vorhandensein eines solchen vagalen Reflexmechanismus zur Bronchokonstriktion wird durch eine Reihe von sehr eleganten Experimenten gestützt, welche in den letzten drei Literaturstellen zitiert sind, an dieser Stelle aber nicht weiter beschrieben werden können. Jedenfalls ist die Wichtigkeit der vagalen Reflexmechanismen in den menschlichen Luftwegen noch nicht genau bekannt.

In dieser Übersicht können wir festhalten, daß das parasympathische System prädominant bei der physiologischen Kontrolle des Kalibers der normalen Luftwege beteiligt ist, und die Auslöschung seiner Aktivität mit anticholinergischen Substanzen in einer Bronchodilatation resultiert.

Anticholinergische Reaktionen bei Lungenerkrankungen

Patienten mit Bronchitis und Emphysem sprechen nicht in der gleichen Weise auf Bronchodilatatoren an wie solche mit Asthma. Dies geht aus

Vagale Aktivität bei chronischer Bronchitis und Emphysem

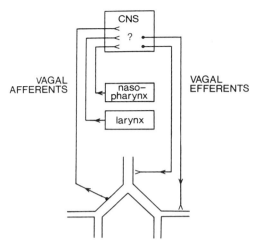

Abb. 2. Diagramm der vagalen Relexwege von den Rezeptoren über vagale afferente und efferente Bahnen zu den Luftwegen (aus Gross und Skorodin [3])

verschiedenen Studien hervor, in denen diese zwei Gruppen von Patienten beide Arten von Bronchodilatatoren erhielten. Eine repräsentative Untersuchung wird in der Abb. 3 gezeigt. Asthmatische Patienten sprechen viel besser auf eine adrenerge Therapie an als im allgemeinen auf eine anticholinergische Medikation. Bronchitische Patienten sprechen besser auf ein anticholinergisches Mittel an. Eine genaue Analyse dieses Ergebnisses zeigt dann, daß beide Patientengruppen ungefähr in gleichem Maße auf die anticholinergischen Substanzen ansprechen, aber daß der Hauptunterschied zwischen ihnen in ihrem Ansprechen auf die adrenergische Therapie liegt. Asthmapatienten reagieren gut auf adrenergische Medikamente, während Patienten mit Bronchitis auf diese nur sehr schwach reagieren.

Wir interpretieren diesen Befund, welcher auch in vielen anderen Studien zutage tritt, als Hinweis auf die Gegenwart mehrerer bronchokonstriktorischer Mechanismen in den asthmatischen Luftwegen. Auf Grund der Entzündung beim Asthma liegt eine Verdickung der Mukosa, ein Ödem und eine Hyperreaktivität vor, wahrscheinlich verursacht durch die Gegenwart von Mediatoren aus den eosinophilen, den neutrophilen Granulozyten und anderen Zellen. Adrenergische Substanzen wirken vielen von diesen entgegen, und zwar durch ihren Effekt auf

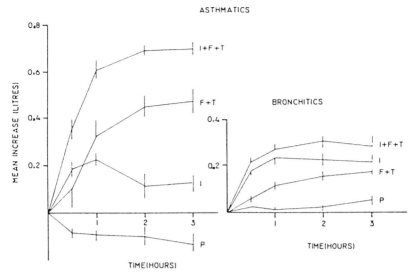

Abb. 3. FEV1 Veränderung von 15 Patienten mit Asthma und 15 mit chronischer Bronchitis auf 0,04 mg Ipratropium (I) oder 5 mg Fenoterol (F) plus 400 mg Oxtriphylline (T). P: Placebo (aus Lefcoe et al. [8])

Entzündungszellen und Kapillaren. Anticholinergische Substanzen haben keinen solchen antientzündlichen Effekt. Sie relaxieren zwar die glatte Muskulatur der Atemwege, lassen aber viele andere verengende Mechanismen der Atemwege unangetastet. Ihre Wirkung im asthmatischen Atemwegssystem ist daher begrenzt.

Die Atemwege bei chronischer Bronchitis und Emphysem zeigen im Gegensatz dazu wenig Entzündung und werden daher nicht sonderlich durch adrenergische Medikamente beeinflußt. Ein gut Teil der Atemwegsverengung beruht auf strukturellen Veränderungen in und um die Luftwege. Diese sind durch keinerlei pharmakologische Therapie veränderbar. Die reversible Komponente der Atemflußbehinderung ist jene, die durch den Bronchomotortonus hervorgerufen wird, der cholinergisch in seinem Ursprung und daher am besten durch anticholinergische Substanzen beeinflußbar ist. Konsequenterweise sprechen solche Patienten besser auf anticholinergische Medikamente als auf adrenergische Medikamente an. Diese Schlußfolgerung wird durch zahlreiche Berichte illustriert, die in den Literaturzitaten 3 und 9 wiedergegeben werden.

Auch aus Experimenten, wie zum Beispiel aus jenem, das in Abb. 4 wiedergegeben ist, kann die gleiche Schlußfolgerung gezogen werden. In diesem erhielten Patienten mit Emphysem kumulative Dosen eines Anticholinergikums (Atropinmethonitrat) oder eines β-adrenergischen Mittels (Salbutamol), bis sie ein Plateau der Bronchodilatation erreicht hatten. Dieses Plateau lag signifikant höher für jene Patienten, die mit dem anticholinergischen, als für jene, die mit dem adrenergischen Mittel behandelt worden waren. Auf dem Plateau wurde die jeweils andere Substanz gegeben. Das Adrenergikum konnte aber den Grad der Bronchodilatation nicht mehr steigern, der bereits durch das anticholinergische Präparat erreicht worden war.

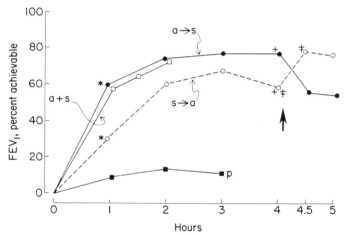

Abb. 4. Reaktion von zehn Patienten mit Emphysem auf Atropinmethonitrat (a) und Salbutamol (s) in wechselnder Sequenz. a ↑ s: Atropinmethonitrat stündlich, gefolgt von Salbutamol entlang dem dicken Pfeil; s ↑ a: die gleichen Medikamente in umgekehrter Reihenfolge; a+s: beide Medikamente gleichzeitig; p: Placebo. Paare von Symbolen zeigen signifikante Unterschiede zwischen den Werten an (aus Gross und Skorodin [10])

Hingegen resultierte die Gabe des anticholinergischen Präparates in einer weiteren Bronchodilatation, auch wenn vorher die volle Dosis des adrenergischen Medikaments gegeben worden war. Wenn beide Medikamente gleichzeitig verabreicht wurden, so verbesserte sich der Atemfluß auf dieselbe Weise, wie sie nach der Einzelgabe des Anticholinergikums registriert worden war. Daraus ist ersichtlich, daß das anticholinergische Medikament alleine für die gesamte erreichbare Bronchodilatation verantwortlich gewesen war. Es stützt auch die Ansicht, daß die Hauptkomponente des reversiblen Anteils der Atemflußbehinderung beim Emphysem auf der cholinergischen Aktivität basiert, nämlich auf dem bronchomotorischen Tonus.

Cholinergischer bronchomotorischer Tonus bei COPD

Wenn man den Gedanken weiterführt, daß die anticholinergischen Bronchodilatatoren den bronchomotorischen Tonus senken, so wäre es von Interesse, ob der cholinergische Tonus selbst bei Patienten mit Bronchitis und Emphysem von vornherein gesteigert ist. Selbstverständlich ist es nicht möglich, direkte Messungen der vagalen Aktivität am Menschen zu machen. Allerdings kann eine indirekte Schätzung angestellt werden, indem man den Anstieg des Atemflusses mißt, der aus der Gabe einer maximalen Dosis eines Anticholinergikums resultiert; wobei man annimmt, daß dieser Anstieg umso größer sein muß, je höher der präexistente cholinergische Tonus war.

Gruppen von Patienten mit verschiedenem Grad der Schwere von COPD wurden mit normalen Nichtrauchern und Rauchern ohne COPD verglichen. Wir fanden (Abb. 5), daß Patienten mit COPD wesentlich besser auf Atropinmethonitrat ansprachen als jene ohne COPD [11]. Die Steigerung von sowohl FEV_1 als auch sGaw war umgekehrt proportional zum Grad der zugrundeliegenden Atemflußlimitierung. (Man muß bei der Interpretation dieses Ergebnisses den Einfluß der Geometrie der Atemwege mit bedenken. Allerdings – wie schon in Literaturstelle 11 erklärt – könnte man erwarten, daß der Atemfluß weniger stark in den engeren Luftwegen ansteigt, wenn der cholinergische Tonus bei allen Probanden derselbe gewesen wäre). Dieser Versuch legt die Annahme nahe, daß der cholinergische Bronchomotortonus bei Patienten mit COPD gesteigert ist. Der Grund dafür ist unbekannt. Dieser Versuch bietet eine Erklärung für das im allgemeinen gute Ansprechen der Patienten mit Bronchitis und Emphysem auf anticholinergische Bronchodilatatoren.

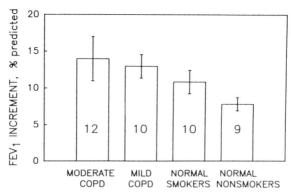

Abb. 5. Ausmaß der FEV1-Zunahmen nach Atropinmethonitrat-Inhalation bei vier Gruppen von Patienten. Standarderrors sind angegeben. Die Zahlen in den Kästchen sind die jeweiligen Probandenzahlen in jeder Gruppe (aus [11])

Variabilität des bronchodilatatorischen Effektes von Tag zu Tag

Wenn bestimmte Patienten mit COPD bei verschiedenen Gelegenheiten getestet werden, so findet man beträchtliche Unterschiede in den Ausgangswerten einzelner Patienten, ebenso in deren Ansprechen auf Bronchodilatatoren, sogar bei völlig unveränderter klinischer Befindlichkeit.

Diese Variabilität bei ein und demselben Individuum ist wesentlich größer als die Variabilität bei wiederholten Messungen am selben Tag, und ist daher zu groß, um durch einen Artefakt bei der Messung erklärt werden zu können. Wir sind der Ursache dieser „Von-Tag-zu-Tag-Änderung" nachgegangen, indem wir uns gefragt haben, ob dieselbe auf einer Veränderbarkeit des cholinergischen Tonus beruhen könne.

Wir gingen von derselben Annahme wie in der vorrangegangenen Studie aus und verabreichten unseren Patienten mit COPD maximale Dosen von Atropinmenthonitrat, und dies mindestens bei sieben Untersuchungen, die jeweils mehrere Tage auseinanderlagen. Die Daten des FEV1 von sechs Patienten sind in Abb. 6 [11] wiedergegeben, wobei Ausgangswerte und auch Steigerungen in denselben Einheiten ausgedrückt werden. Wir fanden eine hochsignifikante negative Korrelation zwischen den Ausgangswerten der Atemfunktion und dem Ausmaß der Steigerung an ein und demselben Untersuchungstag für einen individuellen Patienten. Die Ergebnisse sind für das FEV1 dargestellt, gelten aber in gleicher Weise für sGaw [11]. Die Regression für diese Gruppe hatte eine Neigung von nahezu –1. Die Bedeutung dieses Wertes besteht darin: Wenn die Neigung exakt –1 wäre, so würde der postbronchodilatatorische Atemstoß genau derselbe bei jeder Messung sein, wie hoch auch immer der präbronchodilatatorische Atemstoß an diesem Tag gewesen sein möge. Wenn – wie wir oben versuchten zu zeigen – die Steigerung des Atemflusses nach der anticholinergischen Therapie als Maß für die Höhe des cholinergischen Tonus an diesem Tag gewertet werden kann, dann würde eine Neigung von –1 darauf hinweisen, daß die gesamte Variabilität der Ausgangswerte ebenfalls auf der Variabilität des cholinergischen Tonus beruhen würde. Zumal nun die Neigung tatsächlich nahe –1 war, können wir daraus schließen, daß die „Von-Tag-zu-Tag-Variabilität" der Ausgangswerte tatsächlich und hauptsächlich auf der Veränderlichkeit des cholinergischen Tonus beruht.

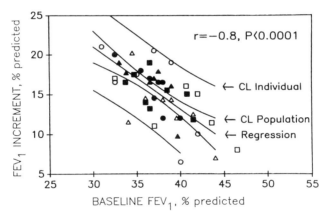

Abb. 6. Einzelwerte der FEV1 Veränderung gegenüber dem Ausgangswert nach Atropinmenthonitrat in 46 Messungen an sechs Patienten mit mittelschwerer COPD. Die Werte für verschiedene Patienten werden durch verschiedene Symbole identifiziert. Die Geraden zeigen die Gesamtregression und 95% Vertrauensgrenzen (CL) für individuelle und kollektive Werte (aus [11])

Dieselben Patienten wurden ebenfalls mehrmals (3mal) bezüglich ihres Ansprechens auf ein adrenergisches Medikament (Metaproterenol) untersucht. Obwohl sie ebenfalls eine signifikante Regression des Anstiegs ihrer Atemleistung nach Metaproterenol gegenüber den Ausgangswerten zeigten, so war doch die Neigung der Regression signifikant geringer als jene nach dem anticholinergischen Mittel, ungefähr –0,4. Dies steht im Einklang mit der Ansicht, daß adrenergische Medikamente nur teilweise imstande sind, die reversible Komponente der Atemflußobstruktion bei diesen Patienten zu beeinflussen, welche im cholinergischen Tonus besteht.

Die Schlußfolgerung, welche wir aus diesen Ergebnissen ziehen können, wäre also folgende: Es scheint physiologisch zu sein, daß Patienten mit COPD eine beträchtliche Von-Tag-zu-Tag-Variabilität ihres cholinergischen Tonus aufweisen, auch dann, wenn sie sich in einer stabilen klinischen Verfassung befinden. Die Gründe dafür sind unklar. Der Hauptanteil der Besserung, die sie überhaupt erreichen können, wird durch die Beeinflussung der cholinergischen Aktivität zustande gebracht, zu einem geringeren Teil auch durch adrenergische Mittel. Der beste Atemfluß, den die Patienten erreichen können, ist signifikant geringer als ihr Sollwert, wobei das bleibende Defizit auf irreversiblen, strukturellen Veränderungen beruht.

Was die Klinik betrifft, so kann man aus der Darstellung in Abb. 6 entnehmen, daß das Ansprechen auf einen Bronchodilatator bei einer Einzeluntersuchung nur wenig verläßliche Information über die bronchoresponsiven Potentiale eines gegebenen Patienten bietet. Wenn der Ausgangswert eines Patienten relativ gut ist, so wird sein Ansprechen relativ gering sein, jedenfalls wesentlich geringer, als wenn sein Ausgangswert relativ schlecht ist. Ähnliche Befunde wurden von anderen Autoren vorgelegt [12]. Es besteht daher die Gefahr, einen Patienten als reversibel oder nicht reversibel auf Bronchodilatatoren zu bezeichnen, einzig und allein auf Basis einer einzelnen bronchodilatatorischen Untersuchung.

Zumal ein gut Teil der Variabilität bezüglich der Ansprechbarkeit von Patienten mit COPD auf Bronchodilatatoren durch eine Variabilität des cholinergischen Tonus erklärt werden kann, sollte ein anticholinergisches Medikament logischerweise eingesetzt werden, um die Atemleistung zu optimieren.

Vagale Aktivität bei COPD im Langzeitverlauf

Basierend auf den oben genannten Untersuchungen schlagen wir folgendes hypothetische Schema der Atemwegsfunktion bei Patienten mit COPD vor (Abb. 7). Ein typischer Patient hat reversible und nicht reversible Komponenten der Atemflußobstruktion. Die nicht reversible Komponente wird auf der rechten Seite der Abbildung als eine Reduktion des Ausgangs-FEV1 gegenüber 100% des Sollwertes zu C dargestellt. Diese Komponente basiert auf strukturellen Veränderungen in und um die Atemwege, wie sie bei chronischer Bronchitis und Emphysem gefunden werden und welche in zahlreichen Studien beschrieben worden sind. Diese sind fixierte Veränderungen, welche durch keinerlei medikamentöse Behandlung veränderbar sind und welche die bestmögliche Atemfunktion bestimmen, die diese Patienten noch aufbringen können. Unterhalb dieses Niveaus gibt es eine variable Komponente der Atemflußobstruktion, welche vom cholinergischen Tonus bestimmt wird. Diese Komponente der Atemflußbehinderung bei Patienten mit COPD ist gleichzeitig die einzige, die durch Therapie verändert werden kann. Sie wird durch die Regression B, B', B", C dargestellt (ähnlich zu jener in Abb. 6). Für jedes Stadium und jeden Schweregrad einer Erkrankung kann die Grundfunktion (Ausgangswerte der Lungenfunktion) eines Patienten in diesem Bereiche schwanken, wobei sein bronchodilatatorisches Ansprechen durch die Regressionslinie ausgedrückt wird. Der Mittelpunkt entspricht seinem mittleren Ausgangs-FEV1, A', und mittleren anticholinergischen Ansprechen, B', in diesem gegebenen Stadium seiner Erkrankung. Sein Schnittpunkt mit der Abszisse, C, entspricht der besten Lungenfunktion, die der Patient mit maximaler bronchodilatatorischer Therapie erreichen kann, und spiegelt sogleich den Grad seiner strukturellen Veränderungen wider.

In dem Maße, wie die Erkrankung des Patienten fortschreitet (Abb. 7), nimmt die irreversible Komponente zu und seine Basislungenfunktion ab.

Ein veränderbarer cholinergischer Tonus bleibt dennoch bestehen, so daß der Bereich des bronchodilatatorischen Ansprechens des Patienten auf einer neuen Regressionslinie zu liegen kommt, welche gegenüber der ursprünglichen nach links verschoben ist. Der Mittelpunkt dieser Regressionsgeraden bezeichnet wiederum sowohl die durchschnittliche Basisfunktion des Patienten wie auch die mittlere Ansprechbarkeit auf Therapie. Die mittlere Ansprechbarkeit eines Patienten bezüglich des FEV1 während des Verlaufes seiner Erkrankung über einen Zeitraum von Jahren wird über die Gerade DE gekennzeichnet. Diese scheint horizontal zu verlaufen, aber die Daten aus Abb. 5 lassen annehmen, daß sie wahrscheinlich von ca. 6% jenes errechneten Basiswertes des Atemflusses ausgeht, wenn keine faßbare Krankheit besteht. Sie durchläuft

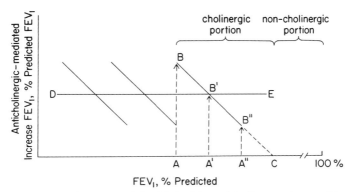

Abb. 7. Hypothetischer natürlicher Verlauf der anticholinergen Ansprechbarkeit von Patienten mit COPD. Details siehe Text

dann leichte bis mäßige Schweregrade der COPD bis etwa 15%. Bei noch ausgeprägterer COPD verringert sich die Ansprechbarkeit auf einen Bronchodilatator weiter, nunmehr bedingt durch die Faktoren der Atemwegsgeometrie (nicht dargestellt).

Auswirkungen auf die Therapie

Die erwähnten Studien, die in Einklang mit einem großen Literaturvolumen stehen, unterstützen die Hypothese, daß die reversible Komponente der Bronchokonstriktion bei Patienten mit COPD am wirksamsten durch anticholinergische Bronchodilatatoren beeinflußt werden kann. Der cholinerge Tonus ist bei Patienten mit Bronchitis und Emphysem gesteigert. Der Hauptteil der reversiblen Komponente ihrer Atemwegsobstruktion basiert auf dem cholinergen Tonus, welcher von Tag zu Tag wechseln kann. Aus all diesen Gründen ist die Anwendung von anticholinergischen Medikamenten in der Routinetherapie gerechtfertigt und vermag wahrscheinlich die beste Bronchodilatation zu erzielen.

Eine zusätzliche Anmerkung sei erlaubt. Die oben genannten Untersuchungen basierten auf optimalen Dosen eines anticholinergischen Bronchodilatators. Allerdings erscheint die gegenwärtig empfohlene Dosis von Ipratropium (2 Hübe, 0,04 mg) wahrscheinlich nicht optimal für Patienten mit COPD. Die Dosiswirkungsstudien bei Patienten mit COPD zeigen, daß die optimale Dosis möglicherweise viermal höher als jene Dosis liegt, also ungefähr bei acht Hüben oder 0,16 mg [13]. Diese Dosis wurde über sechs Monate einer großen Zahl von Patienten mit COPD verabreicht und erwies sich als nebenwirkungsfrei [14]. Im Hinblick auf die Sicherheit von Ipratropium und seine große therapeutische Breite kann der Patient signifikanten Nutzen aus einer 2–4mal größeren Dosis als der derzeit empfohlenen ohne jedes Risiko ziehen.

Literatur

1. Richardson YB (1979) Nerve supply to the lungs. Am Rev Respir Dis 119: 785–802
2. Morgenroth (1992) Morphologie der vagalen Versorgung. In: Kummer F (Hrsg) Das cholinerge System der Atemwege. Springer, Wien – New York, S 1–12
3. Gross NJ, Skorodin MS (1984) Anticholinergic, antimuscarinic bronchodilators. Am Rev Respir Dis 129: 856–870
4. Murray JF (1986) The normal lung. Ch 3, Nerve supply of the lungs. WB Saunders, Philadelphia, pp 69–82 (monograph)
5. Ulmer WT (1992) Die Reflex-Bronchokonstriktion. In: Kummer F (Hrsg) Das cholinerge System der Atemwege. Springer, Wien – New York, S 43–54
6. Widdicombe JG (1979) The parasympathetic nervous system in airways disease. Scand J Respir Dis [Suppl] 103: 38–43
7. Nadel JA, Barnes PJ (1984) Autonomic regulation of the airways. Annu Rev Med 35: 451–467
8. Lefcoe NM, Toogood JH, Blennerhasset G, Patterson NAM (1982) The addition of an aerosol anticholinergic to an oral beta-agonist plus theophylline in asthma and bronchitis. Chest 82: 300–305
9. Gross NJ, Skorodin MS (1987) Anticholinergic agents: In: Jenne JW, Murphy S (eds) Drug therapy for asthma: Research and clinical practice. Marcel Dekker, New York, pp 615–668
10. Gross NJ, Skorodin MS (1984) The role of the parasympathetic system in airways obstruction due to emphysema. N Engl J Med 311: 421–425
11. Gross NJ, Co E, Skorodin MS (1989) Cholinergic bronchomotor tone in COPD, estimates of its amount in comparison to normal. Chest 96: 984–987
12. Antonisen NR, Wright EC, and the IPPB Trial Group (1986) Bronchodilator response in COPD. Am Rev Respir Dis 133: 814–819
13. Gross NJ, Petty TL, Friedman M et al. (1989) Dose response to ipratropium as a nebulized solution in patients with chronic obstructive pulmonary disease. Am Rev Respir Dis 139: 1188–1191
14. Leak A, O'Connor T (1988) High dose ipratropium, – is it safe? Practitoner 232: 9–10

Korrespondenz: Prof. N. J. Gross MD, P.O. Box 1430, Hines, IL 60141, U. S. A.

Antimuskarinische Bronchodilatatoren: Ihre Rolle bei der Behandlung obstruktiver Atemwegserkrankungen

K. R. Chapman

Division of Respiratory Medicine and Asthma Centre, The Toronto Hospital and Department of Medicine, University of Toronto, Ontario, Canada

Zusammenfassung

Anticholinergische Bronchodilatatoren sind in der westlichen Medizin nahezu seit zwei Jahrhunderten bekannt. Die Aufbereitungen aus rohem botanischem Material der letzten Jahrhunderte wurden durch eine ganze Familie von modernen quartären anticholinergischen Medikamenten ersetzt, unter ihnen das Ipratropiumbromid, Oxitropium und Atropinmethonitrat. Wenn diese Medikamente auf dem inhalativen Wege gegeben werden, blockieren sie den efferenten Vagus, so daß die erwünschte Bronchodilatation eintritt, haben aber aufgrund ihrer geringen Resorption nur wenige oder keine systemische Nebenwirkungen. Obwohl sie einen ähnlichen Grad der schrittweisen und anhaltenden Bronchodilatation sowohl bei Asthmatikern als auch bei Patienten mit chronisch obstruktiver Lungenerkrankung haben, ist die Rolle der anticholinergischen Bronchodilatatoren bei der Erhaltungstherapie dieser zwei Krankheitsformen deutlich verschieden. Beim Asthma haben die anticholinergischen Medikamente sehr nützliche additive bronchodilatatorische Eigenschaften, wenn sie zusammen mit Adrenergika und Theophyllin angewendet werden. Sie stellen eine möglicherweise nützliche Komponente bei der Behandlung von Patienten mit mäßiggradigem Asthma dar, wenn Kombinationspräparate benützt werden. Ferner sind sie anzuwenden bei Patienten, die andere Bronchodilatatoren nicht vertragen, und bei älteren Patienten. Die Kombination von inhalativen Adrenergika und Anticholinergika ist bei der Behandlung der Exazerbation des Asthmas sehr nützlich. Bei der chronisch obstruktiven Lungenerkrankung scheinen die anticholinergischen Verbindungen eine stärkere Bronchodilatation als die adrenergen Medikamente zu haben, mindestens bei der Mehrzahl der Patienten, so daß sie zum bevorzugten Bronchodilatator der ersten Wahl bei der chronischen Erhaltungstherapie der COPD-Patienten geworden sind. Trotz unserer langen Erfahrung mit anticholinergischen Bronchodilatatoren und dem zunehmenden allgemeinen Konsens über ihre Rolle in der Therapie, bleiben zahlreiche Fragen offen, die in den nächsten Jahren beantwortet werden müssen. Wird der regelmäßige Gebrauch von anticholinergischen Bronchodilatatoren die Rate der Verschlechterung der Lungenfunktion bei Patienten mit manifester COPD verringern können? Kann mit Hilfe der üblichen Bronchodilatationsversuche im Labor vorausgesagt werden, ob ein anticholinergisches Medikament auch auf lange Sicht wirksam ist? Wird es ein Fortschritt sein, wenn selektive antimuskarinische Präparate für die Behandlung der Atemwegserkrankungen entwickelt werden?

Einleitung

Antimuskarinische Bronchodilatatoren sind in der westlichen Medizin seit nahezu zwei Jahrhunderten bekannt, ihre Geschichte in anderen Kulturen ist noch wesentlich länger [1]. Pflanzen der Datura-Spezies wurden jahrhundertelang in der ayurvedischen Medizin für eine ganze Reihe von medizinischen Zwecken verwendet, eingeschlossen die Behandlung von Atembeschwerden. Die Blätter der Pflanze enthalten das aktive Alkaloid Atropin, wobei beim Inhalieren des Rauches der glosenden Blätter ein feines Aerosol der aktiven Verbindung freigesetzt wird. Die Einführung dieser Form der bronchodilatatorischen Therapie in die westliche Medizin wird gewöhnlich einem sonst obskuren britischen Armeeoffizier zugeschrieben, General Gent, welcher in Madras (Indien) im frühen 19. Jahrhundert stationiert war. Selbst an Asthma leidend, eignete er sich die Praxis der Eingeborenen selbst an, Daturablätter zu rauchen, und führte dieses Konzept schließlich in England ein. Etwa um die Mitte des 19. Jahrhunderts war das Rauchen von atropinhältigen Pflanzen bereits eine gut fundierte Form der Behandlung von Asthma mit all dem Nutzen und den Nebenwirkungen von Datura stramonium, wie sie sorgfältig in der Abhandlung von Salter über das Asthma (Salter's Treatise on Asthma) niedergelegt sind. Das brennende Pulver und Zigaretten, welche Atropin enthalten, können bis in die zweite Hälfte des 20. Jahrhunderts herauf verfolgt werden. Nichtsdestoweniger schwand ihre Anwendung sehr rasch nach der Einführung der viel wirkungsvolleren adrenergischen Verbindungen in den zwanziger und dreißiger Jahren dieses Jahrhunderts. Im späteren Ablauf des 20. Jahrhunderts wurden die anticholinergischen Bronchodilatatoren wiederentdeckt, und zwar in Form der sicheren und effektiven quartären anticholinergischen Verbindungen wie Ipratropium, Oxitropium, Flutropium und Atropinmethonitrat [2]. Die folgende Übersicht hat zum Ziel, die neue klinische Forschung mit den quartären anticholinergischen Verbindungen zusammenzufassen und ihre derzeitige und künftige Rolle im Management der obstruktiven Lungenerkrankungen zu diskutieren.

Diese Übersicht wird grob in zwei Sektionen eingeteilt: Die erste wird sich mit der Behandlung von Asthma beschäftigen, während die zweite sich mit der Anwendung bei chronisch obstruktiven Lungenerkrankungen einschließlich chronischer Bronchitis und Emphysem beschäftigen wird. Obwohl diese Unterscheidung ja manchmal nicht leicht zu vollziehen ist, wenn es um einen individuellen Patienten geht, und auch einigermaßen künstlich ist, so dient sie doch einem nützlichen Rahmen für die praktische klinische Entscheidungsfindung. Die meisten der präsentierten Daten betreffen Ipratropiumbromid, über welches die ausgedehntesten Studien vorliegen und das unter den quartären anticholinergischen Verbindungen am weitesten verfügbar ist.

Asthma

Stabiles Asthma

In einer Reihe von Studien wurde der protektive Effekt von Ipratropiumbromid bezüglich der Provokation mit verschiedenen chemischen Substanzen, Entzündungsmediatoren und physikalischen Stimuli geprüft. Wie man es von seiner atropinischen Herkunft erwarten konnte, hatten Ipratropium und die verwandten Verbindungen einen bemerkenswert protektiven Effekt gegen die durch cholinergische Agentien wie Acetylcholin und Methacholin induzierte Bronchokonstriktion [2, 3]. Ein

Schutz gegen die histamininduzierte Bronchokonstriktion, jene durch Bradykinin oder andere entzündliche Mediatoren war weniger vollständig und sicherlich geringer als jene, die durch adrenergische Medikamente erzielt werden konnte. Eine gewisse Protektion kann offensichtlich auch gegenüber der Provokation mit unspezifischen Irritantien und gegenüber dem anstrengungsinduzierten Bronchospasmus bei Asthmapatienten erreicht werden, aber wiederum in einem viel geringeren Ausmaß, als dies bei den adrenergischen Verbindungen zu sehen ist. In einigen Fällen kann die Kombination von adrenergischen und anticholinergischen Verbindungen einen additiven Effekt erreichen, entweder durch Potenzierung oder Verlängerung der protektiven Wirkung. So kann zum Beispiel die Protektion gegen den durch Hyperventilation induzierten Bronchospasmus verlängert werden, wenn der Asthmatiker mit einer Kombination eines Anticholinergikums und Fenoterol vorbehandelt wird, verglichen mit der Einzeldosis jedes der beiden Medikamente allein [4].

In zahlreichen Studien wurde das bronchodilatatorische Potential der quartären Anticholinergika bei stabilen ambulatorischen Asthmapatienten mittels des Dosier-Aerosols geprüft [5, 6]. Ein typischer Vertreter für diese Klasse von Verbindungen, Ipratropiumbromid, dilatiert die Bronchien etwas langsamer als die β_2-Agonisten, wie zum Beispiel Salbutamol. Mit Ipratropium wird 50% des bronchodilatatorischen Maximums in drei Minuten erreicht, 80% in 30 Minuten und der Maximaleffekt in ungefähr einer Stunde. Dies kontrastiert deutlich mit den β_2-adrenergischen Medikamenten, welche die maximale Bronchodilatation bereits nach 5–15 Minuten erreichen (siehe Abb. 1). Außerdem ist der maximale Bronchodilatationswert, der bei Asthmatikern mit dem anticholinergischen Medikament erreicht werden kann, immer geringer als jener, der mit dem Adrenergikum erzielt werden kann. Der geringere bronchodilatatorische Effekt des Anticholinergikums ist nicht auf ein suboptimales Dosieren zurückzuführen; auch multiple Inhalation von Ipratropiumbromid bis zu einer supramaximalen Dosierung können nicht die selbe Bronchodilatation beim Asthma erreichen, wie das mit den Adrenergika der Fall ist [7].

Der Effekt von Ipratropium und anderen anticholinergischen Verbindungen bei Asthmatikern zeigt bemerkenswerte Variabilität zwischen den Individuen. Einige Patienten weisen eine relativ geringe Bronchodilatation auf, andere zeigen einen bronchodilatatorischen Effekt, der

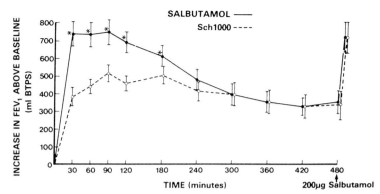

Abb. 1. Mittelwerte für den Anstieg von FEV1 über den Initialwert bei 25 asthmatischen Patienten nach der Inhalation von Salbutamol oder Ipratropium. Die vertikalen Striche kennzeichnen den Plus-Minus-Standardirrtum. Die Sternchen zeigen signifikante Unterschiede zwischen den Behandlungsgruppen an, $p < 0,05$ [5]

durchaus gleich oder sogar größer ist als jener, der mit Adrenergika erreicht werden kann [2]. In einigen Arbeiten wurde versucht, den charakteristischen Patienten zu definieren, der am besten auf die anticholinergische Therapie anspricht. So scheint die Atopie nur einen geringen Einfluß auf die Ansprechbarkeit mit anticholinergischen Bronchodilatatoren zu haben [7]. Es wurde vermutet, daß bei älteren Patienten die Wirkung der anticholinergischen Bronchodilatatoren relativ größer ist, wenn sie mit adrenergischen Medikamenten verglichen wird. Mit zunehmendem Alter scheinen die adrenergischen Rezeptoren an Zahl oder Empfindlichkeit abzunehmen, während die cholinergischen Rezeptoren ihre Funktion behalten [8]. Im allgemeinen scheint der beste Weg für die Zuordnung der anticholinergischen Sensitivität eines Patienten zu sein, einfach mit der Behandlung fortzufahren. Es sei noch einmal betont, daß die Voraussage des langfristigen Ansprechens weder aus dem akuten Bronchodilatationsversuch im Labor noch durch Einzelmessungen erreicht werden kann.

Wenn es sich aber um Asthmaformen handelt, die nicht mehr „leicht genug" sind, um mit einem Einzelmedikament ausreichend bronchodilatatorisch behandelt zu werden, so sollte durch die Kombination von Bronchodilatatoren ein besserer Effekt erzielt werden. Daher wurde die

Kombination von Ipratropium mit verschiedenen β_2-Agonisten sehr ausführlich untersucht [9–14]. Das Kombinationspräparat bringt eine bessere Bronchodilatation als jede der Einzelkomponenten allein, ein additiver Effekt, der sogar dann überlegen ist, wenn supramaximale Dosen des adrenergen Mittels allein gegeben worden waren. Anticholinergische Bronchodilatatoren können mit Erfolg auch mit Theophyllin kombiniert werden. In einer Doppelblindstudie haben Kreisman und Mitarbeiter den bronchodilatatorischen Effekt von Ipratropiumbromid bei einer Gruppe von Asthmatikern untersucht, die entweder Theophyllin oder Placebo erhielten (crossover) [12]. Der akute bronchodilatatorische Effekt von Ipratropium war stärker, wenn die Patienten eine orale Vorbehandlung mit Theophyllin erhalten hatten. Die Autoren nannten diese Interaktion synergistisch im Gegensatz zu einer rein additiven Interaktion. Es ist durchaus möglich, daß diese Präparatekombination von Bronchodilatatoren weiter ausgesponnen wird. Einige Untersucher haben entdeckt, daß ein Dreifach-Regime aus Anticholinergika, Adrenergika und Theophyllin einen größeren bronchodilatatorischen Effekt hat, als zwei Medikamente oder ein einzelnes Medikament des Regimes. So haben zum Beispiel Lefcoe und Mitarbeiter inhaliertes Ipratropiumbromid zu oralem Fenoterol und oralem Theophyllin verabreicht und eine gesteigerte bronchodilatatorische Potenz des Dreifach-Regimes sehen können, ohne daß die Nebenwirkungen dabei zugenommen hätten [13] (Abb. 2). Wir selbst haben den Effekt einer Kombination in einer Gruppe von mittelschweren Asthmatikern angewendet, von denen viele eine Dauertherapie mit inhalierten oder oralen Corticosteroiden zur Zeit der Untersuchung erhielten [14].

Auch wir fanden, daß das Dreier-Regime aus inhaliertem Ipratropium, Fenoterol und oralem Theophyllin wirksamer war als entweder Fenoterol + Theophyllin oder Ipratropium + Theophyllin. In dieser Untersuchung erhielten die Patienten das Dreier-Regime jeweils einen Monat lang. Wir fanden, daß unter dieser monatelangen Gabe eine gewisse Tachyphylaxie bei jenen Regimen zu bemerken war, welche β_2-Agonisten enthielten, nicht aber bei jenen, welche die reguläre und wiederholte Gabe von Ipratropiumbromid vorsahen. Diese ungedämpfte Effektivität trotz verlängerten Perioden der kontinuierlichen Anwendung scheint ein Charakteristikum von Ipratropium und anderen Anticholinergika zu sein. Dies scheint die Annahme zu stützen, daß Antagonisten für gewöhnlich den Target-Rezeptor nicht, Agonisten aber sehr wohl in seiner Empfindlichkeit schwächen können (down regulation).

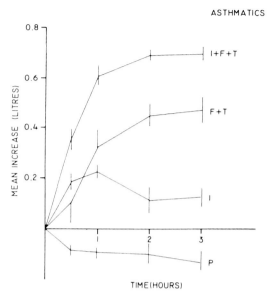

Abb. 2. Mittlerer Anstieg von FEV1 in einer Gruppe von asthmatischen Patienten nach vier verschiedenen Behandlungen: P = Placebo, I = Ipratropium, F + T = Fenoterol + Theophyllin und I + F + T = Ipratropium + Fenoterol + Theophyllin [13]

Rolle der Anticholinergika beim stabilen Asthma

Inhalierte Anticholinergika werden wohl selten als Einzelmedikation bei der Asthmabehandlung gegeben; schließlich bewirken die inhalierten adrenergischen Verbindungen eine schnellere und ausgeprägtere Linderung der bronchokonstriktorischen Symptomatik. Immerhin können anticholinergische Bronchodilatatoren als Alternativa der 1. Linie zu inhalierten Bronchodilatatoren gelten, wenn unter gewissen Ausnahmsumständen ein Patient außergewöhnlich empfindlich auf die leichten Nebenwirkungen der β_2-Agonisten reagiert. Man hat auch behauptet, daß anticholinergische Bronchodilatatoren besonders bei Patienten wirksam sind, deren Asthma durch emotionelle oder psychogene Faktoren ausgelöst wird [15]. Tatsächlich kann die wichtige Rolle des Vagus und des cholinergischen Tonus bei cortical ausgelöstem Bronchospasmus leicht im Laborversuch demonstriert werden. Außerdem hat eine klinische Studie gezeigt, daß Ipratropium einen besonders guten Wirkungsgrad in einer Untergruppe von Asthmatikern hatte, welche als psychogen eingestuft worden waren. Nichtsdestoweniger ist es schwierig, die Charakteristika des sogenannten psychogenen Asthmas zu definieren, besonders als Richtlinie für die Praxis. Der Trend in der Behandlung von ambulatorischen Patienten geht in die Richtung der Behandlung der zugrundeliegenden Atemwegsentzündung mit inhalierten Corticosteroiden und anderen antientzündlichen Verbindungen. Bronchodilatatoren werden dann nur auf Bedarfsbasis zur Linderung der Symptomatik bei akuter Bronchokonstriktion verschrieben. In diesem Zusammenhang ist wahrscheinlich die Kombination von anticholinergischen und adrenergischen Bronchodilatatoren von guter Wirkung. Das Konzept der Kombination zielt auf eine bessere Bronchodilation mit niederen Dosierungen jeder der Einzelkomponenten ab, möglicherweise mit einer Verlängerung der Wirkungsdauer. Gewöhnlich wird die Kombination von Adrenergikum und Anticholinergikum bei Patienten angewandt, welche ein schwereres Asthma mit Dauerobstruktion aufweisen, welche die ständige Anwendung von inhalierbaren Bronchodilatatoren erfordert. Dies ist der Fall bei älteren Asthmatikern, deren Atemwegsobstruktion nur unvollständig reversibel ist. Wie oben erwähnt, könnten Therapieversuche weiterhelfen, welche die individuelle Ansprechbarkeit des Patienten auf anticholinergische Bronchodilatatoren zu definieren helfen.

Akutes Asthma

Die zeitlich verzögerte Bronchodilatation auf Ipratropiumbromid im Vergleich zu den adrenergischen Substanzen ließe vermuten, daß dieses Medikament nicht unbedingt für die Monotherapie des akuten Asthmas geeignet ist. Allerdings kamen verschiedene frühe Studien mit vernebeltem Ipratropium beim akuten Asthma nicht zu diesem Schluß [16–18] (Abb. 3). Untersuchungen mit einer kleinen Zahl von Patienten konnten überraschenderweise zeigen, daß anticholinergische Verbindungen denselben günstigen Effekt wie vernebelte adrenergische Medikamente hatten. Aufgrund der kleinen Fallzahl waren diese Studien geeignet, dem Typ-II-Irrtum zu unterliegen und ignorierten zweifellos klinisch wichtige Trends. Verschiedene größere Studien haben seither zeigen können, daß der eigentliche Platz der Anticholinergika bei der Behandlung des akuten Asthmas innerhalb der Kombinationstherapie liegt, in Entsprechung ihrer Rolle beim stabilen Asthma der ambulanten Patienten [19–22] (Abb. 3).

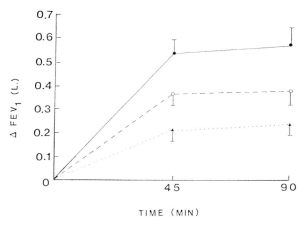

Abb. 3. Bei 138 Patienten mit akuter Exarcerbation des Astmas: Mittlerer Anstieg des FEV1 über den Initialwert nach der Inhalation von Ipratropium (Dreiecke), Fenoterol (offene Kreise) oder der Kombination (solide Punkte). Die Striche zeigen (plus oder minus) eine Standardabweichung an [18]

In einer kanadischen Multi-Center-Studie haben wir 149 akut kranke Asthmatiker in der Aufnahmsstation behandelt und die Wirkung von vernebeltem Ipratropium und Fenoterol bzw. deren Kombination verglichen [19]. Die Kombination der vernebelten Medikamente war den vernebelten Monotherapien überlegen, ohne einen signifikanten Anstieg an Nebenwirkungen zu bringen. Diese Überlegenheit der kombinierten Verneblerbehandlung war auch dann offensichtlich, wenn eine Begleittherapie mit intravenösem Aminophyllin, parenteralen Corticosteroiden oder beiden in einer Untergruppe dieser Patienten gegeben worden waren. Der Vorteil der kombinierten Bronchodilatatoren erwies sich als unabhängig von der Schwere der Erkrankung. Wenn die Asthmatiker je nach initialem FEV1 in zwei Gruppen eingeteilt wurden (entweder geringer bzw. gleich ein Liter oder größer als ein Liter), so zeigte sich das Kombinationsschema noch immer deutlich der Monotherapie innerhalb jeder der Untergruppierungen überlegen. Es sprach sogar einiges dafür, daß die Kombination die bestwirksame gerade beim schwerstkranken Patienten war. Das heißt, daß gerade Patienten in der größten Not am meisten von der Kombination Anticholinergikum-Adrenergikum in der vernebelten Form profitierten. Der additive Effekt des vernebelten Ipratropiums beim akuten Asthma ist nicht das Ergebnis der suboptimalen adrenergischen Dosierung. In zwei Studien bei Patienten mit akutem Asthma, eine bei Erwachsenen und eine bei Kindern, bewirkte das vernebelte Ipratropiumbromid eine Verbesserung des Atemflusses, welche auch mit supramaximalen Dosen von Sympathikomimetika nicht erreicht werden konnte [20, 21]. In einer rezenten Veröffentlichung konnten Higgins und Mitarbeiter zeigen, daß eine Kombination von verneberltem Salbutamol mit Ipratropium der Inhalation von Salbutamol alleine in den ersten vier Stunden der Notfallbehandlung von Asthmatikern überlegen ist [22]. Es ist bemerkenswert, daß alle akut kranken Asthmatiker dieser Studie zusätzlich eine parenterale Corticosteroidtherapie bekamen. In unserem Zentrum wird akutes Asthma nunmehr routinemäßig mit vernebeltem Anticholinergikum und adrenergischem Bronchodilatator behandelt. Asthmatiker, welche wegen einer Exazerbation hospitalisiert werden, werden für gewöhnlich mehrere Tage mit dieser Kombination behandelt.

Es kann mittlerweile behauptet werden, daß das inhalierte Anticholinergikum bereits das intravenöse Aminophyllin als ergänzenden Bronchodilatator bei der Behandlung des akuten Asthmaanfalls ersetzt hat. Verschiedene Studien haben nunmehr gezeigt, daß das inhalierte Ipratropium zur bronchodilatatorischen Wirkung eines Behandlungsregimes unzweifelhaft beiträgt, wobei Kosten und Nebenwirkungen nicht gesteigert werden. Hingegen kann für intravenöses Aminophyllin eine vergleichbare Verläßlichkeit nicht gezeigt werden, wenn es darum geht, den bronchodilatatorischen Effekt eines inhalierten Adrenergikums alleine zu steigern, wobei eindeutig auch zusätzliche Nebenwirkungen zu gegenwärtigen sind. Überdies ist bei der parenteralen Theophyllintherapie immer die Gefahr einer subsignifikanten toxischen Wirkung inklusive Tod durch Überdosierung gegeben.

COPD

Anticholinergische Bronchodilatatoren spielen in der Behandlung der COPD eine wesentlich andere Rolle als in der Behandlung der ambulanten Asthmapatienten. Die Anticholinergika bewirken bei der Behandlung von Patienten mit COPD eine ausgeprägtere Linderung der Atemflußbehinderung und der Überblähung als adrenergische Medikamente.

Poppius und Salorinne waren unter den ersten, die die Überlegenheit der bronchodilatatorischen Wirkung vom Ipratropium bei COPD-Patienten im Vergleich zu Salbutamol zeigen konnten, wenn die untersuchte Patientengruppe auch klein war [23]. In einer jüngeren multizentrischen Studie bezüglich der Erhaltungstherapie bei COPD zeigten Tashkin und Mitarbeiter, daß die Vorteile von Ipratropium als Bronchodilatator gegenüber Metaproterenol ganz offensichtlich waren, sowohl am ersten Tag der Therapie als auch in unveränderter Weise nach drei Monaten regelmäßiger Einnahme [24] (Abb. 4). Beim Vergleich von Ipratropium und Salbutamol bei COPD-Patienten bekräftigten Braun und Mitarbeiter die Überlegenheit des Anticholinergikums und meinten, daß der Vorteil besonders ausgeprägt bei jenen Patienten mit dem niedrigsten FEV1 und der längsten Raucheranamnese war [25]. Anticholinergische Medikamente scheinen auch kräftiger als orale Theophyllinpräparate bei der Behandlung von COPD zu wirken [26].

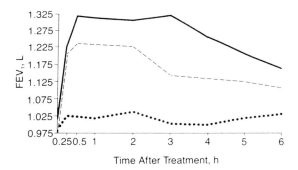

Abb. 4. Bei COPD: Mittlerer FEV1 als Reaktion auf Ipratropium (durchgezogene Linie), Salbutamol (gestrichelt) und Placebo (gepunktet) [24]

Die Tatsache der bronchodilatatorischen Überlegenheit von Anticholinergika gegenüber Adrenergika bei COPD-Patienten sollte nicht den Eindruck erwecken, daß Patienten mit chronischer Bronchitis und Emphysem eine ungewöhnlich hohe Empfindlichkeit gegenüber Anticholinergika haben. Statt dessen scheinen die anticholinergischen Bronchodilatatoren ein vergleichbares Maß an Effekt bei allen Formen der obstruktiven Atemwegserkrankungen zu bieten [27]. Wie schon früher in Studien von Asthmatikern und COPD-Patienten gezeigt werden konnte, erfreuen sich beide Gruppen einer ähnlich guten Besserung des absoluten FEV1 unter einer anticholinergischen Therapie.

Ein typischer bronchodilatatorischer Effekt besteht in einem Ansteigen des absoluten FEV1 um 0,2 bis 0,3 Liter bei einem durchschnittlichen erwachsenen Patienten. Normale Personen können wohl eine ähnliche Besserung in den Indices des Atemflusses zeigen. Im Gegensatz dazu ist das Ansprechen auf adrenergische Medikamente deutlich zwischen den Patientengruppen verschieden. Obwohl die Sympathomimetika eine bemerkenswerte Effektivität bei Asthmapatienten aufweisen, tragen sie nur wenig oder gar nicht zur Besserung von Patienten mit COPD bei. Der Mangel an akuter adrenergischer Ansprechbarkeit bei COPD hat früher sogar zu dem weitverbreiteten Terminus „irreversible" chronisch obstruktive Lungenerkrankung geführt. Dieser Terminus wird jetzt immer weniger gebraucht, seitdem bekannt geworden ist, daß auf die üblichen Bronchodilatatoren nicht mehr ansprechende COPD-Patienten sehr wohl eine Besserung bei der Behandlung mit anticholinergischen Medikamenten erfahren [28, 29]. Der relative Mangel an Wirksamkeit von adrenergischen Substanzen bei COPD und der relative Vorteil von Anticholinergika scheint auch hier nicht eine Konsequenz der zu niedrigen Dosierung zu sein. Wenn hohe Dosen oder serielle Gaben von Adrenergika oder Anticholinergika bei COPD-Patienten verwendet werden, zeitigen die Anticholinergika eine vergleichbare oder sogar bessere Bronchodilatation als adrenergische Medikamente [7].

Obwohl Anticholinergika allein wahrscheinlich den maximal erreichbaren Atemfluß bei den meisten COPD-Patienten bewirken können, so scheinen doch einige Patienten aus der Kombination zu profitieren, nämlich aus Anticholinergika und Adrenergika [30–32]. Wenn man den Bedarf für die kombinierte Bronchodilatatorentherapie erfassen möchte, so sollte man festhalten, daß die gewöhnlich verschriebene Dosis von zwei Hüben (40 Mikrogramm) des Ipratropiums möglicherweise eine suboptimale Dosis darstellt. Ein noch stärkerer bronchodilatatorischer Effekt wird oft mit drei bis vier Hüben erreicht, wodurch die weitere Zugabe anderer Medikamente unnotwendig wird. Noch einmal: individuelle therapeutische Versuche werden hier mehr Aufschluß bringen.

Inhalierte anticholinergische Medikamente können nun als Bronchodilatatoren der ersten Linie bei der Behandlung von COPD-Patienten empfohlen werden. Im Gegensatz zu inhalierten adrenergischen Bronchodilatatoren bewirken die anticholinergischen Verbindungen eine etwas langsamer eintretende Bronchodilatation bei geringeren Nebenwirkungen wie Tremor oder Tachycardie. Daher kann es vorkommen, daß viele Patienten mit COPD unmittelbar nach der Inhalation des Anticholinergikums eine geringere Wirkung registrieren und an der Wirksamkeit des Medikaments zu zweifeln beginnen. Daher muß es Teil der praktischen klinischen Strategie sein, den Patienten auf die langsamere, aber anhaltende Bronchodilatation des Anticholinergikums hinzuweisen und ihn bezüglich des verzögerten Wirkungseintrittes vorzuwarnen. Es ist außerdem ratsam, ihm jedesmal die Resultate der spirometrischen Untersuchungen mitzuteilen und ihn so an seinem tatsächlichen objektiven Therapieerfolg teilhaben zu lassen.

Die Strategie der Applikation von Bronchodilatatoren bei COPD ist im Umbruch begriffen.

In früheren Zeiten wurden die Bronchodilatatoren zur Linderung von Symptomen verschrieben. Man war der Meinung, daß die regelmäßige Applikation von Bronchodilatatoren den fortschreitenden Abfall des FEV1, der bei COPD-Patienten so charakteristisch ist, verlangsamen könne. Diese Strategie wird derzeit durch das NIH in seiner „Lung Health Study" untersucht. In dieser großen multizentrischen Studie werden Raucher mit leichter Atemflußbehinderung entweder dem üblichen Behandlungsschema inklusive Zigarettenabstinenz zugeordnet, oder aber der üblichen Behandlung plus regelmäßige Einnahme des Bronchodilatators Ipratropiumbromid.

Der Platz der Anticholinergika bei der akuten Exazerbation der COPD muß noch untersucht werden, obwohl bereits publizierte Untersuchungen den Eindruck erwecken, daß vernebeltes Ipratropium mindestens so effektiv oder vielleicht noch wirksamer ist als Sympathomimetika [18, 32]. Bis zur genaueren Klärung dieser Frage werden wir routinemäßig die kombinierte Verneblerbehandlung anwenden, sehr ähnlich der Behandlung der akuten Exazerbation von Asthma.

Nebenwirkungen

Die Nebenwirkungen von inhalierten Sympathomimetika und Theophyllin sind gut bekannt. Nicht selektive Adrenergika können beträchtliche kardiovaskuläre Störungen hervorrufen. Selektive β_2-Adrenergika verursachen weniger deutliche klinische Effekte, aber ihre Anwendung geht nicht ganz ohne hämodynamische Konsequenzen einher. In unserem Laboratorium haben wir gesehen, daß zwei Hübe eines β_2-Agonisten aus dem Dosier-Aerosol einen durchschnittlichen Anstieg des Herzminutenvolumens von 25 bis 45 Prozent bewirken [33]. Bei einigen gesunden Probanden hat sich das Herzminutenvolumen sogar verdoppelt. Im Gegensatz dazu treten nach acht Hüben von Ipratropiumbromid (Vierfaches der üblichen empfohlenen therapeutischen Dosis) keine signifikanten Veränderungen des Herzminutenvolumens auf [34]. Der hämodynamische Effekt eines β_2-Agonisten kann ohne Zweifel der Dilatation der peripheren Gefäße zugeschrieben werden. Diese Vasodilatation betrifft aber auch den Lungenkreislauf, wobei das bereits gestörte Belüftungs-Durchblutungs-Verhältnis bei Patienten mit Asthma oder COPD weiter verschlechtert wird. Gross und Bankwala konnten zeigen, daß COPD-Patienten einen Abfall im arteriellen PO_2 aufweisen, wenn sie mit einem β-Agonisten, nicht aber wenn sie mit einem quartären Anticholinergikum per Inhalation behandelt werden [35].

Das Ausbleiben von systemischen Nebenwirkungen bei den quartären anticholinergischen Bronchodilatatoren ist leicht erklärbar. Basierend auf ihrer quartären Struktur diffundieren diese Stoffe nur spärlich durch biologische Membranen. Es wird von diesen Stoffen nur so wenig aus der Mukosa der Luftwege resorbiert, so daß isotopenmarkierte Tracer angewendet werden müssen, um pharmakokinetische Studien durchführen zu können. Die Nebenwirkungen der Anwendung sind lokaler Natur; Mundtrockenheit und ein metallischer Geschmack werden von einige Patienten berichtet.

Es scheint, daß es keine Probleme mit gesteigerter Sputumviskosität gibt, auch die mukoziliäre Clearance ist offensichtlich nicht verändert. Patienten mit Glaukom sollten wissen, daß sie das Versprühen von anticholinergischen Medikamenten im Augenbereich vermeiden sollten. Es kann dabei eine Erhöhung des intraokularen Druckes auftreten.

Trends für die Zukunft

In dieser Arbeit wurde versucht, die klinischen Studien über Asthma und COPD zusammenzufassen und allgemeine Richtlinien für den Gebrauch von anticholinergischen Bronchodilatatoren in verschiedenen Behandlungsregimes aufzuzeigen. Beim Asthma werden die anticholinergischen Medikamente wahrscheinlich sehr nützliche Komponenten eines kombinierten Bronchodilatatorregimes sein. Für den stabilen ambulatorischen Asthmapatienten ist dies wahrscheinlich ein wertvoller Weg, wenn es sich um Patienten handelt, deren Atemflußbehinderung eine regelmäßige Einnahme eines Bronchodilatators erfordert. Die älteren Asthmapatienten werden häufig aus einem solchen Therapieplan ihren Nutzen ziehen. Im Falle des akuten Asthmas tragen die anticholinergischen Bronchodilatatoren eindeutig zur Linderung des Bronchospasmus in den ersten kritischen Stunden bei. Bei COPD erlangen die anticholinergischen Bronchodilatatoren immer größere Bedeutung und können als Bronchodilatatoren der ersten Linie angesehen werden. Sollte man nicht diese allgemeinen Empfehlungen für die Erhaltungstherapie genaueren individuellen therapeutischen Untersuchungen unterziehen? Obwohl dies mehrfach erwogen wurde, ist es bis heute nicht ganz klargeworden, ob eine akute Bronchodilatatorapplikation im Laboratorium eine Voraussagung für das Ansprechen auf lange Zeit gegenüber diesem Medikament erlaubt. Vor einigen Jahren haben Dull und Mitarbeiter – allerdings betreffend einer anderen Gruppe von Bronchodilatatoren – gemeint, daß der bronchialerweiternde Effekt von Isoproterenol ein Voraussagewert für das weitere Ansprechen für Theophyllin sei [36]. In jüngerer Zeit haben Guyatt und Mitarbeiter die Meinung vertreten, daß das Ansprechen auf einen Bronchodilatator bei COPD einer so großen Variabilität von Tag zu Tag unterworfen sei, daß eine einmalige Gabe eines Medikamentes keinen verläßlichen Voraussagewert habe [37]. Wird es vielleicht weiterhelfen, das Ansprechen eines individuellen Patienten auf verschiedene Arten von Bronchodilatatoren im Laborbereich zu testen und die Resultate der folgenden Erhaltungstherapie zugrunde zu legen? Der Voraussagewert von solchen akuten Versuchen bedarf weiterer Studien.

Wird die Entwicklung von langwirkenden β_2-Agonisten unsere Behandlungsstrategien betreffend der anticholinergischen Verbindungen verändern? β_2-Agonisten wie Formoterol oder Salmeterol scheinen keine größere Wirksamkeit als gegenwärtig verfügbare β_2-Agonisten zu haben, doch weisen sie eine bedeutend längere Dauer der Wirkung auf.

Überall dort, wo mit anticholinergischen Bronchodilatatoren ein additiver Effekt zu gegenwärtig verfügbaren β_2-Adrenergika erreicht werden kann, ist ein ebensolcher additiver Effekt mit neuen β_2-Agonisten durchaus wahrscheinlich. Dies ist derzeit zwar reine Spekulation, doch werden klinische Untersuchungen sicherlich notwendig sein, um diese Frage zu untersuchen. Um der Praktikabilität der Dosierung und der Patientencompliance entgegenzukommen, wäre es wohl nützlich, langwirkende β_2-Agonisten mit ähnlich langwirkenden Anticholinergika zu kombinieren.

Muskarinische Rezeptorsubtypen sind bereits klar umrissen worden, und ihre Funktion in den menschlichen Atemwegen wird gegenwärtig untersucht [38]. M_1-Rezeptoren scheinen in den Ganglinien der Luftwege vorhanden zu sein, außerdem in den submukösen Drüsen und Alveolarwänden, wo ihre physiologische Rolle aber noch ungewiß ist. M_2-Rezeptoren finden sich an den cholinergischen Nerven selbst, wo sie offensichtlich die Funktion von feedbackhemmenden Rezeptoren ausüben. M_3-Rezeptoren wieder wurden direkt an der glatten Muskulatur der Luftwege gefunden. Es geht hauptsächlich gerade um diese M_3-Rezeptoren, welche für die Bronchodilatation durch anticholinergische Mittel verantwortlich sind. Allerdings scheinen die derzeit verfügbaren Anticholinergika noch sehr wenig selektiv sowohl die präjunktionalen (M_2-) und postjunktionalen (M_3-)Rezeptoren mit gleicher Affinität zu blocken. Die Hemmung des M_2-Rezeptors bedeutet, daß um so mehr Acetylcholin mit Stimulation der cholinergischen Nerven freigesetzt wird, ein Effekt, der wahrscheinlich die postjunktionale M_3-Blockierung überwindet. Aus diesem Grund ist es durchaus möglich, daß selektive M_3-Antagonisten wesentlich besser wirksam sein werden als die derzeit verfügbaren weniger selektiven Antagonisten. Allerdings könnte man einwenden, daß Ipratropium und ähnliche Verbindungen so viel stärker an den M_3-Rezeptor gebunden sind als Acetylcholin, daß die Freisetzung von kleinen zusätzlichen Mengen von Acetylcholin aus den Nervendigungen keinen oder nur einen geringen Effekt auf die daraus resultierende Bronchodilatation hat. Diese einander widersprechenden Argumente werden nur dann gelöst werden können, wenn selektive antimuskarinische Bronchodilatatoren zu Testzwecken zur Verfügung stehen werden.

Literatur

1. Gandevia B (1975) Historical view of the use of parasympatholytic agents in the treatment of respiratory disorders. Postgrad J Med S 1 [Suppl 7]: 13–20
2. Gross NJ, Skorodin MS (1984) Anaticholinergic, antimuscarinic bronchodilators. Am Rev Respir Dis 129: 856–870
3. Pakes GE, Brogden RN, Heel RC, Speight TM, Avergy GS (1980) Ipratropium bromide: a review of its pharmacologic properties and therapeutic efficacy in asthma and chronic bronchitis. Drugs 20: 237–266
4. Smith CM, Anderson SD, Seal JP (1988) The duration of action of the combination of fenoterol hydrobromide and ipratropium bromide in protecting against asthma provoked by hyperpnea. Chest 94: 709–717
5. Ruffin RE, Fitzgerald JD, Rebuck AS (1977) A comparison of the bronchodilator activity of Sch1000 and salbutamol. J Allergy Clin Immunol 59: 136–141
6. Elwood RK, Abboud RT (1982) The short-term bronchodilator effects of fenoterol and ipratropium in asthma. J Allergy Clin Immunol 69: 467–473
7. Gross NJ (1988) Ipratropium bromide. N Engl J Med 319: 485–494
8. Ullah MI, Newman GB, Saunders KB (1981) Influence of age on response to ipratropium and salbutamol in asthma. Thorax 36: 523–529
9. Lightbody IM, Ingram CG, Legger JS, Johnston RN (1978) Ipratropium bromide, salbutamol and prednisolone in bronchial asthma and chronic bronchitis. Br J Dis Chest 72: 181–186
10. Pierce RJ, Allen CJ, Campbell AH (1979) A comparative study of atropine methonitrate, salbutamol and their combination in airways obstruction. Thorax 34: 45–50
11. Ruffin RE, McIntyre E, Crockett AJ, Zeilonka K, Alpers JH (1982) Combination bronchodilator therapy in asthma. J Allergy Clin Immunol 69: 60–65
12. Kreisman H, Frank H, Wolkove N, Gent M (1981) Synergism between ipratropium and theophylline in asthma. Thorax 36: 387–391
13. Lefcoe NM, Toogood JH, Blennerhass G, Baskerville J, Patterson NAM (1982) The addition of an aerosol anticholinergic to an oral beta-agonist plus theophylline in asthma and bronchitis. Chest 82: 300–305
14. Rebuck AS, Gent M, Chapmann KR (1983) Anticholinergic and sympathomimetic combination therapy of asthma. J Allergy Clin Immunol 71: 317–323
15. Rebuck AS, Marcus HI (1979) Sch1000 in psychogenic asthma. Scand J Resp Dis 103 [Suppl]: 186–190
16. Ward MJ, Fentem PH, Smith WHR, Davies D (1981) Ipratropium bromide in acute asthma. Br Med J 282: 598–600
17. Ward MJ, MacFarlane JT, Davies D (1982) Treatment of acute severe asthma with intravenous aminophylline and nebulized ipratropium bromide after salbutamol (abst). Thorax 37: 785
18. Leahy BC, Gomm SA, Allen SC (1983) Comparison of nebulized salbutamol with nebulized ipratropium bromide in acute asthma. Br J Dis Chest 77: 159–163

19. Rebuck AS, Chapmann KR, Abboud R et al. (1987) Nebulized anticholinergic and sympathomimetic treatment of asthma and chronic obstructive airways disease in the emergency room. Am J Med 82: 59–64
20. Bryant DH (1985) Nebulized ipratropium bromide in the treatment of acute asthma. Chest 88: 24–29
21. Beck R, Robertson C, Galdes-Sebaldt M, Levison H (1985) Combined salbutamol and ipratropium by inhalation in the treatment of acute severe asthma. J Pediatr 107: 605–608
22. Higgins RM, Stradling JR, Lane DJ (1988) Should ipratropium bromide be added to beta-agonists in treatment of acute severe asthma? Chest 94: 718–722
23. Poppius H, Salorinne Y (1973) Comparative trial of a new anticholinergic bronchodilator, Sch 1000, and salabutamol in chronic bronchitis. Br Med Clin Res 4: 134–136
24. Tashkin DP, Ashutosh K, Bleecker ER et al. (1986) Comparison of the anticholinergic bronchodilator ipratropium bromide with metaproterenol in chronic obstructive pulmonary disease. Am J Med 81 [Suppl 5 A]: 59–67
25. Braun SR, McKenzie WN, Copeland C, Knight L, Ellersieck M (1989) A comparison of the effect of ipratropium and albuterol in the treatment of chronic obstructive airway disease. Arch Intern Med 149: 544–547
26. Bleecker ER, Johns M, Britt EJ (1988) Greater bronchodilator effects of ipratropium compared to theophylline in chronic airflow obstruction. Chest 94 [1 Suppl]: 3 S
27. Gross NJ (1987) Anticholinergic agents in chronic bronchitis and emphysema. Postgrad Med J 63 [Suppl 1]: 29–34
28. Marini JJ, Lakshminirayan S (1980) The effect of atropine inhalation in „irreversible" chronic bronchitis. Chest 77: 591–596
29. Passamonte PM, Martinez AJ (1984) Effect of inhaled atropine or metaproterenol in patients with chronic airway obstruction and therapeutic serum theophylline levels. Chest 85: 610–615
30. Brown IG, Chan CS, Kelly CA, Dent AG, Zimmerman PV (1984) Assessment of the clinical usefulness of nebulized ipratropium bromide in patients with chronic airflow limitation. Thorax 39: 272–276
31. Chan CS, Brown IG, Kelly CA, Dent AG, Zimmerman PV (1984) Bronchodilator responses to nebulized ipratropium and salbutamol singly and in combination in chronic bronchitis. Br J Clin Pharmac 17: 103–105
32. Backman R, Hellstrom PE (1985) Fenoterol and ipratropium bromide in respirator treatment of patients with chronic bronchitis. Curr Ther Res 38: 135–140
33. Chapman KR, Smith DL, Rebuck AS, Leenen FHH (1984) Hemodynamic effects of an inhaled beta$_2$-agonist. Clin Pharmacol Ther 35 (6): 762–767
34. Chapman KR, Smith DL, Rebuck AS, Leenen FHH (1985) Hemodynamic effects of inhaled ipratropium bromide; alone and combined with an inhaled beta$_2$-agonist. Am Rev Resp Dis 132: 845–847
35. Gross J, Bankwala Z (1987) Effects of an anticholinergic bronchodilator on

arterial blood gases of hypoxemic patients with chronic obstructive pulmonary disease: comparison with a beta-adrenergic agent. Am Rev Respir Dis 136: 1091–1094
36. Dull WL, Alexander MR, Sadoul P, Woolson RF (1982) The efficacy of isoproterenol inhalation for predicting the response to orally administered theophylline in chronic obstructive pulmonary disease. Am Rev Respir Dis 126: 656–659
37. Guyatt GH, Townsend M, Nogradi S, Pugsley SO, Keller JL, Newhouse MT (1988) Acute response to bronchodilator. An imperfect guide for bronchodilator therapy in chronic airflow limitation. Arch Intern Med 148: 1949–1952
38. Barnes PJ (1989) Muscarinic receptor subtypes: Implications for lung disease. Thorax 44: 161–167

Korrespondenz: Dr. K. R. Chapman, Division of Resp. Medicine, Toronto Western Hospital, Suite 4-011, Edith Cavell Wing, 399 Bathurst Street, Toronto, Ontario, M5T 258, Canada.

Linksherzversagen und bronchiale Hyperreaktivität

A. Lockhart, L. Cabanes, S. Weber und *Y. Regnard*

Laboratoire de physiologie respiratoire et 2 Service de cardiologie, Hopital Cochin et UFR Cochin Port Royal, Paris, France

Zusammenfassung

1943 wurde die Stauung und das Ödem der Bronchialwand bei Patienten mit Linksherzversagen beschrieben. Experimentell hervorgerufene Lungenstauung bewirkt bei Tieren eine bronchiale Hyperreaktivität auf Histamin und Methacholin. Dieser Effekt wird durch Bronchialverengung und gesteigerte vagale Reflexmechanismen erklärt. Bei Normalpersonen können Manöver, die eine leichte Lungenstauung bewirken, ebenfalls eine bronchiale Hyperreaktivität auf Methacholin hervorrufen. Bei Patienten mit einer schlechten Pumpfunktion des linken Ventrikels oder mit Mitralklappenerkrankung, nicht aber bei Kontrollpatienten mit normaler Linksventrikelfunktion ist eine mäßige bis schwere bronchiale Hyperreaktivität auf Methacholin die Regel. Die methacholininduzierte bronchiale Obstruktion bei diesen Patienten kann durch eine Inhalation eines α-adrenergischen Vasoconstrictors, nämlich Methoxamin, verhindert werden, welches über eine Stimulation der postganglionären α-Rezeptoren wirkt. Das läßt vermuten, daß eine Vasodilatation der nutritiven Gefäße der Atemwege zur bronchialen Hyperreaktivität führt, aber nur bei abnorm erhöhtem pulmonalvenösen Druck. Dies kann am besten durch den begleitenden erweiternden Effekt von Methacholin auf die Atemwegsgefäße und den kontraktilen Effekt auf die Atemwegsmuskulatur erklärt werden. Der letztere kann auf einen direkten Methacholineffekt zurückgeführt werden, in gleichem Maße aber auch auf kontraktile

Effekte von extravasalen Mediatoren oder auf einen gesteigerten Vagustonus, welcher durch eine Stimulation der afferenten Nervenendigungen in der Bronchialwand zustande kommt. Die Rolle und die möglichen therapeutischen Implikationen der bronchialen Hyperreaktivität beim Asthma cardiale und bei der kardialen Dyspnoe sind gegenwärtig Gegenstand weiterer Untersuchungen.

Im Jahre 1943 führten französische Kliniker Bronchoskopien mit dem starren Rohr bei 80 unselektierten Patienten mit linksventrikulärer Insuffizienz und Lungenstauung durch [1]. Während die Trachea meist normal erschien, konnte eine deutliche Dilatation der submukösen Gefäße und ein obstruierendes Ödem der Bronchialwand gesehen werden, und zwar in den Hauptbronchien und distal davon.

Wenige Jahre später wurde die Hypothese aufgestellt, daß Ödem und Stauung der Bronchialwand zur kardiogenen Dyspnoe führen könnten, ja sogar Attacken von Herzasthma hervorrufen würden. Diese Vermutung konnte jedoch nicht bewiesen werden [2]. Es ist daher überraschend, daß die Rolle der Atemwege bei der kardialen Dyspnoe nicht viel mehr als ein Gerücht geblieben ist [3, 4], zumindest bis vor kurzem. Während der letzten wenigen Jahre hat eine Flut von Originalarbeiten und Editorials die Wiederbelebung dieser Hypothese bewirkt, daß nämlich die Atemwege eine Schlüsselrolle bei der kardialen Dyspnoe und beim Herzasthma spielen würden [6, 12], gestützt auf Befunde der unspezifischen bronchialen Hyperreaktivität, welche bei Patienten mit Linksventrikelversagen oder Mitralklappenerkrankung ungewöhnlich häufig zu sein scheint [6, 8–10].

Bronchiale Provokation bei Herzpatienten

Cabanes und andere [6] untersuchten die Auswirkung von jeweils gedoppelten Dosen von inhaliertem Methacholin auf die Atemwege von 33 nicht atopischen Patienten. 23 Patienten hatten eine gestörte Linksventrikelfunktion (Auswurffraktion ≤ 34%) auf der Basis entweder einer koronaren Herzkrankheit (18 Patienten) oder einer dilatativen Kardiomyopathie (5 Patienten). Die Patienten wurden nach der NYHA-Klassifikation der Klasse III zugeordnet und hatten keine Zeichen der Lungenstauung und des Linksventrikelversagens zum Zeitpunkt der Studie. Diese Autoren untersuchten ebenso eine Kontrollgruppe von zehn Patienten, welche zwar an koronarer Herzerkrankung litten, jedoch der

NYHA-Klasse I zugeordnet wurden und deren linksventrikuläre Auswurffraktion ≥ 57% betrug. Mäßige bis schwere und gut reproduzierbare Werte der bronchialen Hyperreaktivität auf Methacholin wurden bei 21 von 23 Patienten mit der schlechten Ventrikelfunktion gefunden, wobei kein Unterschied zwischen Patienten mit oder ohne Lungenödem in der Anamnese gefunden wurde. Die Dosis von Methacholin, welche einen 20%-Abfall des FEV1 vom Ausgangswert bewirkte (PD20 FEV1), belief sich auf 160 bis 1126 Mikrogramm bei den 21 Respondern. Andererseits wies lediglich einer von zehn Patienten mit einer normalen Linksventrikelfunktion einen Abfall des FEV1 von über 20% (PD20 FEV1 = 460 Mikrogramm) auf, wobei kein signifikanter Abfall des FEV1 auf eine kumulative Dosis von 3100 Mikrogramm bei den verbleibenden neun Personen registriert wurde, deren bronchiale Reizantwort daher als normal eingestuft wurde. Der Unterschied zwischen den Gruppen bezüglich der Reizantwort auf Methacholin konnte nicht einem Altersunterschied, den Rauchgewohnheiten, dem Ausgangswert des FEV1 oder einer Begleittherapie zugeschrieben werden, welche in diesen beiden Gruppen die gleiche war.

Rolla und andere [9] untersuchten 31 non-atopische Patienten mit Mitralklappenerkrankung, welche der NYHA-Klasse II (11 Patienten) oder III (20 Patienten) zugeordnet wurden und deren Ausgangswert des FEV1 größer als 85% des Sollwertes betrug. Bei diesen Patienten war die Grenzdosis von Methacholin, welche einen 35%igen Abfall der spezifischen Atemwegsconductance (PD35 sGaw) verursachte, signifikant geringer als in einer Kontrollgruppe von gleichaltrigen Normalpersonen mit nur geringer Überlappung zwischen den Gruppen. PD35sGaw war ≤ 1000 Mikrogramm bei 29 und ≤ 500 Mikrogramm bei 21 von 31 Patienten mit Mitralklappenfehler. Andererseits wurde die PD35sGaw mit ≤ als 1000 Mikrogramm bei 27 von 30 Normalpersonen gemessen. Es bestand keine Beziehung zwischen PD35sGaw und dem pulmonalen Kapillardruck bei den 17 Patienten, bei denen ein Herzkatheter durchgeführt worden war.

Pison et al. [8] untersuchten zwölf Patienten mit chronischer linksventrikulärer Insuffizienz, welche bei acht von ihnen auf einer coronaren Herzerkrankung beruhte. Die ursprüngliche Untersuchung wurde während einer Exacerbation der Dyspnoe durchgeführt, als elf Patienten der NYHA-Klasse IV und der verbleibende Patient der Klasse III zugeordnet werden mußte. Zum Zeitpunkt der Studie selbst waren die Lungenvolumina bei zwei Patienten vermindert, ebenso das FEV1 bei acht und das Verhältnis FEV1/FVC bei sechs Patienten. Acht Patienten hatten eine bronchiale Hyperreaktivität auf Methacholin, das heißt die Konzentration des Medikamentes, welches einen $\geq 20\%$igen Abfall des FEV1 bewirkte (PC20FEV1), betrug ≤ 16 mg/ml. Es bestand keine Korrelation zwischen PC20FEV1 und FEV1, FEV1/FVC und einem radiologischem Score für das Lungenödem. Intensive Behandlung über eine Periode von 5 bis 15 Tagen resultierte in einer signifikanten Verbesserung der durchschnittlichen Lungenvolumina, es fand sich aber keine Veränderung der bronchialen Obstruktion, mindestens betreffend des Verhältnisses FEV1/FVC. Das geometrische Mittel des PC20FEV1 änderte sich nicht. Allerdings verbesserte sich die PC20FEV1 bei drei von zwölf Patienten, von denen zwei ursprünglich eine normale PC20FEV1 aufgewiesen hatten.

Sasaki und andere [10] untersuchten die PC20FEV1 bei 51 nicht atopischen Patienten mit erwiesener Erkrankung des linken Ventrikels. Von diesen hatten 18 noch nie Symptome eines linksventrikulären Versagens gehabt, 18 wiesen zwar eine diesbezügliche Vorgeschichte auf, hatten aber zum Zeitpunkt der Studie keine Beschwerden, und 15 hatten leichte klinische Symptome einer Linksinsuffizienz zum Zeitpunkt des Studienbeginns. Der Ausgangswert des FEV1 war >70% bei allen Patienten. Die PC20FEV1 war signifikant höher bei den 18 Patienten ohne Vorgeschichte einer Linksinsuffizienz und betrug >10 mg/ml bei allen Patienten, > = 20 mg/ml bei 14 Patienten. Die PC20FEV1 war im Durchschnitt niedriger bei den verbleibenden zwei Gruppen ohne Unterschied zwischen diesen. Sie betrug <10 mg/ml bei 22 von 33 Patienten. Die PC20FEV1 stand in keinem Zusammenhang mit den Rauchgewohnheiten, mit der Ursache der Linksinsuffizienz und mit dem pulmonalen Kapillardruck, welcher bei 32 von 51 Patienten innerhalb von 30 Tagen nach der bronchialen Provokation gemessen worden war.

Soweit wir wissen, existieren zwei Studien, in denen es den Autoren nicht möglich war, eine bronchiale Hyperreaktivität bei Herzpatienten nachzuweisen. Eichacker und andere [5] untersuchten neun Patienten mit einer linksventrikulären Auswurffraktion $\leq 31\%$, von welchen fünf schwere Raucher waren, sechs hatten bereits einmal ein akutes Lungenödem durchgemacht, fünf hatten die Symptome der Lungenstauung bei der physikalischen Untersuchung zum Studienzeitpunkt, und neun hatten ein FEV1/FVC von >75%. Bei der höchsten Methacholinkonzentration, die angewendet wurde (25 mg/ml), zeigten nur zwei von neun

Patienten einen Abfall des FEV1 von ≥ 20% vom Ausgangswert. Seibert und andere [7] untersuchten zwei Patienten mit schwerer Atemnot und Giemen, welche seit langem an einem Cor hypertonicum gelitten hatten. Die Provokation mit Methacholin wurde nach zwei bzw. acht Tagen einer intensiven Behandlung mit oralem Furosemid und Digoxin durchgeführt, wobei kein signifikanter Abfall des FEV1 bei der höchsten Konzentration von Methacholin (25 mg/ml) erhoben werden konnte.

Es ist schwierig, diese Negativbefunde bei elf Patienten [5, 7] mit dem positiven Nachweis einer bronchialen Hyperreaktivität in ungefähr zwei Drittel der Patienten mit linksventrikulären Störungen in Einklang zu bringen, wie sie von anderen Autoren berichtet worden sind [6, 8, 9, 10]. Eine Erklärung kann dahingehend versucht werden, daß die Patientenzahlen von Eichacker et al. und Seibert et al. sehr klein [5, 7] und daß die Patienten der ersten Studie besonders alt waren, was allerdings für die letztgenannte Studie nicht zutrifft.

Alles in allem kann aber auf die unbestreitbare Evidenz verwiesen werden, daß
1. eine bronchiale Hyperreaktivität auf Methacholin bei Patienten mit Linksherzerkrankung extrem häufig anzutreffen ist,
2. kein Zusammenhang mit der Ätiologie der zugrundeliegenden Herzerkrankung besteht,
3. kein Zusammenhang mit Atopie und Rauchgewohnheiten besteht,
4. zumindest in der Mehrzahl der Patienten keine Abschwächung nach intensiver Behandlung der Lungenstauung eintritt,
5. kein Zusammenhang zur pulmunalvenösen Drucksteigerung besteht, zumal keine Korrelation zwischen dem Kapillardruck in Ruhe oder dem radiologischen Score des Lungenödems einerseits und der PC20FEV1 bzw. PD35sGaw andererseits gefunden werden konnte [8–10].

Mechanismen der bronchialen Hyperreaktivität bei Herzpatienten

Es ist unbekannt, ob die bronchiale Hyperreaktivität bei Patienten mit linksventrikulärer Dysfunktion oder Mitralklappenfehlern spezifisch gegenüber Methacholin besteht oder ein Ausdruck einer generellen bronchialen Hyperreaktivität ist. Die Methacholinprovokation ist, soweit wir wissen, der einzige bronchiale Provokationstest, welcher systematisch bei solchen Patienten untersucht worden ist.

Dies ist bedauerlich, weil die Erkenntnis sich zunehmend ausbreitet, daß die bronchiale Reizantwort einer erheblichen Variabilität auf verschiedene Stimuli bei Mensch und Tier unterworfen ist. Signifikante Unterschiede bestehen in der Hyperreaktivität der Atemwege auf Serotonin und Acetylcholin bei verschiedenen Stämmen von Mäusen und Ratten [13, 14] und gegenüber Tachykininen bei Ratten [15]. Bei diesen Spezies scheint die Hyperreaktivität der Atemwege auf verschiedene Stimuli einem unterschiedlichen autosomalrezessiven Vererbungsmuster zu folgen [14, 15].

Beim Menschen sind die Reaktionen auf körperliche Anstrengung, isokapnische Hyperventilation und Inhalation von hypertoner Kochsalzlösung sehr ähnlich und korrelieren untereinander recht gut [15, 16], während keine Korrelation zwischen dem Effekt einer körperlichen Anstrengung oder Inhalation einer hypertonen Kochsalzlösung einerseits und der Histaminprovokation andererseits gefunden wurde [16]. Beim Menschen fand man auch, daß inhaliertes Furosemid und Natriumcromoglycat die bronchiale Reaktion auf körperliche Anstrengung, Allergene, Adenosine und Metabisulfit unterbinden können, nicht aber jene auf Acetylcholin [18]. Es ist daher wahrscheinlich, daß verschiedene Reize auf verschiedene Art fortgeleitet werden. Konsequenterweise sollte der in Frage stehende Mechanismus der bronchialen Hyperreaktivität bei Herzpatienten (welcher in der Folge diskutiert werden soll) keinem anderen Stimulus zugeordnet werden als eben Acetylcholin (oder seinem Abkömmling Methacholin).

Sobald wir gefunden hatten, daß die Mehrzahl unserer Patienten mit schlechter Linksventrikelfunktion eine bronchiale Hyperreaktivität auf Methacholin aufwiesen, schlossen wir daraus, daß dieser Effekt am besten durch die kombinierte vasodilatatorische und bronchokonstriktorische Wirkung von Methacholin erklärt werden konnte, welche auf die postjunktionalen cholinergischen Rezeptoren wirksam ist. Zunächst einmal muß festgehalten werden, daß Acetylcholin ein kräftiger Vasodilatator für die tracheobronchialen Gefäße bei Schafen und Hunden [19, 20] sowie für die laryngotrachealen Gefäße bei Schafen ist [21]. Acetylcholin verursacht ebenfalls eine begleitende Steigerung der Dicke der Bronchialwand [19]. Weiters sei festgehalten, daß der Ausflußdruck der intrapulmonalen Bronchialgefäße dem pulmonalen Venendruck (also dem Vorhofsdruck links) entspricht [22], welcher bei unseren Patienten abnorm hoch war, sowie auch bei vergleichbaren Patienten, die einem Herzkatheter unterzogen wurden [8, 10]. Obwohl nun Acetylcholin selbst keine mikrovaskuläre Permeabilitätssteigerung in den Atemwegen hervorruft [23], so konnte doch dem kombinierten Effekt der Vasodilatation und des hohen Venendrucks eine solche mikrovaskuläre Leakage in der Bronchialwand zugeschrieben werden.

Um das Vorhandensein vaskulärer Faktoren bei der methacholininduzierten bronchialen Hyperreaktivität bei unseren Patienten näher zu umreißen, unterzogen wir eine Subgruppe von sechs Patienten einer Vorbehandlung mit 10 mg von inhaliertem Methoxamin, einem kräftigen α-Adrenergikum [6]. α-Adrenergika sind Vasokonstriktoren in der tracheobronchialen Zirkulation [24]; wenn sie als Aerosol angeboten werden, haben sie außerdem den möglichen Vorteil einer Abschwellung der Bronchialwand [25]. Bei diesen sechs Patienten konnte Methoxamin die bronchiale Reaktion auf Methacholin zur Gänze unterbinden.

Dieser protektive Effekt von Methoxamin wurde seinerseits durch die Vorbehandlung von inhaliertem Phentolamin unterbunden. Dadurch konnte gezeigt werden, daß dieser Effekt durch die Stimulation von α-Rezeptoren vermittelt wurde. Zumal nun α-Adrenergika kräftige Bronchokonstriktoren sind [26–28], konnte die Prävention der Methacholin-induzierten Vasodilatation auf die Gefäße der Atemwege die wahrscheinlichste Erklärung dafür sein, daß sowohl Leakage als auch Hyperreaktivität ausblieben. Es erhob sich nun die Frage, ob die tracheobronchiale Vasodilatation der einzige Faktor der bronchialen Hyperreaktivität bei Herzkranken mit abnorm hohen Vorhofdrucken sei.

Dies ist unwahrscheinlich, zumal inhaliertes Salbutamol am Ende der Methacholinprovokation eine teilweise Rückkehr des verminderten FEV1 zum Ausgangswert erbrachte, auch bei Patienten mit schlechter Linksventrikelfunktion.

Wenn man nun den präventiven Effekt von Methoxamin und die teilweise Reversibilität der Methacholin-induzierten bronchialen Obstruktion durch einen β-Agonisten in Betracht zieht, so wird man unausweichlich zu der Schlußfolgerung geführt, daß die bronchiale Hyperreaktivität durch den gemeinsamen Effekt der Vasodilatation des tracheobronchialen Kreislaufes einerseits und der Kontraktion der glatten Atemmuskulatur andererseits hervorgerufen wurde. Tatsächlich steigert die Verdickung der Bronchialwand (zum Beispiel durch Stauung und Ödem) den Wirkungsgrad der Verkürzung der glatten Muskulatur und deren Wirkung auf die Atemwiderstände [29, 30]. Die Kontraktion der glatten Atemwegsmuskulatur kann resultieren

1. aus der direkten Wirkung von Methacholin auf die muskarinischen postganglionären Rezeptoren,
2. aus dem Austreten von Molekülen aus dem Gefäßsystem, wodurch eine Stimulation der glatten Muskulatur oder afferenter nervaler Rezeptoren erfolgen kann, zum Beispiel im Falle des Kallikrein, welches wieder zu einer vermehrten Bradykininbildung führen kann [31, 32],
3. aus einer Reizung von afferenten Nervendingungen in Verbindung mit Lungen- oder Atemwegsstauung bzw. Ödem, welche zu einer Steigerung des Vagustonus führen [33–35].

An dieser Stelle soll auch auf zwei Versuchsanordnungen hingewiesen werden, welche eine Lungenstauung verursachen können, nämlich die schnelle intravenöse Infusion von Flüssigkeit und das Aufblasen von Antischockhosen bei aufrechter Körperhaltung [36, 37]. Beide rufen eine sofortige leichte Steigerung der Atemwegsreaktion auf Methacholin hervor, und zwar bei gesunden nicht asthmatischen Personen. Der Mechanismus dieses Effektes ist Gegenstand intensiver Untersuchungen.

Zusammenfassung

Zusammenfassend kann gesagt werden, daß die bronchiale Hyperreaktivität auf Methacholin bei Patienten mit gestörter Pumpfunktion des linken Ventrikels oder bei Mitralklappenfehler ein sehr häufiger Befund ist. Die bronchiale Hyperreaktivität kann am besten durch die gleichzeitige Acetylcholin-induzierte Vasodilatation der Gefäße der Atemwege einerseits und der Kontraktion der glatten Muskulatur andererseits erklärt werden. Zusätzlich kann die letztere verursacht oder gesteigert werden durch das Austreten von kontraktiven Mediatoren aus der Mikrovaskulatur, wodurch afferente Nervenendingungen stimuliert werden, die ihrerseits eine Steigerung des Vagustonus nach sich ziehen. Weitere Untersuchungen sind gegenwärtig in Arbeit, die zur Klärung der Frage beitragen sollen, in welchem Ausmaß die bronchiale Hyperreaktivität für die kardiale Atemnot mitverantwortlich ist.

Anerkennungen

Diese Arbeit wurde zum Teil durch die Unterstützung von Wellcome (Frankreich), Synthelabo (Frankreich) und INSERM contrat de recherche externe N° 885 012 and CNRS GRECO „Physiopathologie des affections respiratoires chroniques non cancereuses» durchgeführt.

Literatur

1. Renault P, Paley PY, Lenègre J, Caruso G (1943) Les altérations bronchiques des cardiaques. J Fr Med Chir Thorac 3: 141–159
2. Rushmer RF (1961) Cardiovascular dynamics 2nd edn. Philadelphia: WB Saunders pp, 470–471
3. Turino GM, Fishman AP (1959) The congested lung. J Chronic Dis 9: 510–524
4. Wolf PS (1976) Cardiac asthma. Ann Allergy 37: 250–254
5. Eichacker PQ, Seidelman MJ, Rothstein MS, Lejemtel T (1988) Methacholine bronchial reactivity testing in patients with chronic congestive heart failure. Chest 93: 336–338
6. Cabanes LR, Weber S, Matran R, Regnard J, Richard MO, Dewgeorges M, Lockhart A (1989) Bronchial hyperresponsiveness to methacholine in patients with impaired left ventricular function. N Engl J Med 320: 1317–1322
7. Seibert AF, Allison RC, Bryars CH, Kirkpatrick MB (1989) Normal airway responsiveness to methacholine in cardiac asthma. Am Rev Respir Dis 140: 1805–1806
8. Pison C, Malo JL, Rouleau JL, Chalaoui J, Ghezzo H, Malo J (1989) Bronchial hyperresponsiveness to inhaled methacholine in subjects with chronic left heart failure at a time of exacerbation and after increasing diuretic therapy. Chest 96: 230–235
9. Rolla G, Bucca C, Carla E, Scappaticci E, Baldi S (1990) Bronchial responsiveness in patients with mitral valve disease. Eur Respir J 3: 127–131
10. Sasaki F, Ishizaki T, Mifuno J, Fujimura M, Nishioka S, Miyabo S (1990) Bronchial hyperresponsiveness in patients with chronic congestive failure. Chest 97: 534–538
11. Fishman AP (1989) Cardiac Asthma. A fresh look at an old wheeze. N Engl J Med 320: 1346–1348
12. Cardiac Asthma (1990) Lancet i: 693–694
13. Levitt RC, Mitzner W, Kleeberger SR (1990) A genetic approach to the study of lung physiology: understanding biological variability in airway responsiveness. Am J Physiol 258: L 157–L 164
14. Pauwels RA (1989) Genetic factors controlling airway responsiveness. Clin Rev Allergy 7: 235–243
15. Joos GF (1988) The role of neuropeptides in the pathogenesis of asthma. Thesis, State University of Gent, Belgium
16. Smith CM, Anderson SD (1989) A comparison between the airway response to isocapnic hyperventilation and hypertonic saline in subjects with asthma. Eur Respir J 2: 36–43
17. Belcher NG, Lee TH, Rees PJ (1989) Airway responses to hypertonic saline, exercise and histamine challenges in bronchial asthma. Eur Respir J 2: 44–48

18. Inhaled frusemide and asthma (1990) Lancet i: 944–945
19. Laitinen LA, Laitinen MVA, Widdicombe JG (1987) Parasympathetic nervous control of tracheal vascular resistance in the dog. J Physiol 385: 135–146
20. Wanner A (1989) Circulation of the airway mucosa. J Appl Physiol 67: 917–925
21. Matran R, Alving K, Martling CR, Lacroix JS, Lundberg JM (1989) Vagally mediated vasodilatation by motor and sensory nerves in the tracheal and bronchial circulation of the pig. Acta Physiol Scand 135: 29–37
22. Deffebach ME, Butler J (1989) The bronchial circulation and lung edema. In: Scharf SM, Cassidy SS (eds) Heart lung interactions in health and disease. Marcel Dekker, New York, pp 131–151
23. Lundberg JM, Saria A (1982) Capsaicin sensitive vagal neurons involved in control of vascular permeability in rat trachea. Acta Physiol Scand 115: 521–523
24. Lung MA, Wang JC, Cheng KK (1976) Bronchial circulation: an autoperfusion method for assessing its vasomotor activity and the study of alpha- and beta-adrenoceptors in the bronchial artery. Life Sci 19: 577–580
25. Tashkin DP, Jenne JW (1985) Alpha and beta-adrenergic agents. In: Weiss EB, Segal M, Stein M, (eds) Mechanisms and Therapeutics 2nd edn. Little Brown and Co, Boston, pp 604–639
26. Snashall PD, Boother FA, Sterling GM (1978) The effect of alpha-adrenoceptor stimulation on the airways of normal and asthmatic man. Clin Sci Mol Med 54: 283–289
27. Kneussl MP, Richardson JB (1978) Alpha-adrenergic receptors in human and canine tracheal and bronchial smooth muscle. J Appl Physiol 45: 307–311
28. Black JL, Salome CM, Yan K (1982) Shaw J Commparison between airways response to an alpha-adrenoceptor agonist and histamine in asthmatic and non-asthmatic subjects. Br J Clin Pharmacol 14: 464–466
29. Freedman RJ (1972) The functional geometry of the bronchi: the relationship between changes in external diameter and calibre, and a consideration of the passive role played by the mucosa in bronchoconstriction. Bull Physiopathol Respir 8: 545–552
30. Hogg JC, Paré PD, Moreno R (1987) The effect of submucosal edema on airways resistance. Am Rev Respir Dis 135: 54–56
31. Persson CGA, Erjefalt I (1986) Anderson P Leakage of macromolecules from tracheobronchial microcirculation. Effects of allergen, leukotrienes, tachykinins and antiasthma drugs. Acta Physiol Scand 127: 95–106
32. Chung KF, Rogers DF, Barnes PJ, Evans TW (1990) The role of increased airway microvascular permeability and plasma exudation in asthma. Eur Respir J 3: 329–337
33. Chung KF, Keyes SJ, Morgan BM, Jones PW, Snashall PD (1983) Mechanisms of airway narrowing in acute pulmonary oedema in dogs: influence of the vagus and lung volume. Clin Sci 65: 285–296
34. Kikuchi R, Seklzawa K, Sasaki H, Hirose Y, Matsumoto N, Takishima T,

Hildebrandt J (1984) Effects of pulmonary congestion on airway reactivity to histamine aerosol in dogs. J Appl Physiol 57: 1640–1647
35. Roberts AM, Bhattacharya J, Schultz HD, Coleridge HM, Coleridge JCG (1986) Stimulation of pulmonary vagal afferent C-fibers by lung edema in dogs. Circ Res 58: 512–522
36. Rolla G, Scappaticci E, Baldi S, Bucca C (1986) Methacholine inhalation challenge after rapid saline infusion in healthy subjects. Respiration 50: 18–22
37. Regnard J, Baudrillard P, Salah P, Dinh Xuan T, Cabanes L, Lockhart A. Inflation of antishock trouser increases bronchial responses to metacholine in healthy subjects. J Appl Physiol (in press)

Korrespondenz: Dr. A. Lockhart, Hopital Cochin, 27 rue du Faubourg Saint Jacques, F-75014 Paris, France.

Vagale Reflexe bei Linksherzinsuffizienz

J. Mlczoch

4. Medizinische Abteilung, Krankenhaus Lainz

Zusammenfassung

Kardiopulmonale Wechselwirkungen mit Erhöhung des Atemwiderstandes (AW) bei manifester Linksherzinsuffizienz sind gut bekannt. Ziel dieser Studie war es festzustellen, ob auch klinisch kaum faßbare Formen der Linksherzinsuffizienz ebenfalls pulmonale Auswirkungen zeigen. Dies bestätigte sich bei Patienten mit unkompliziertem akutem Myokardinfarkt, die bei fehlenden Stauungszeichen eine Erhöhung des AW maximal am ersten Tag und eine Verminderung der Vitalkapazität maximal am vierten Tag zeigten. Dies dürfte auf Veränderungen der kleinen Atemwege zurückzuführen sein, wobei diese durch Gabe eines Vagolyticums weitgehend reversibel waren. Somit dürfte ein Teil der Erhöhung des AW Folge der Veränderung der kleinen Atemwege sein, wobei ein zusätzlicher vagaler Effekt, der nach Reizung von Lungenrezeptoren im Interstitium zu einer vagal bedingten Konstriktion der kleinen Atemwege führt, möglich erscheint.

Einleitung

„Pulmo cardialis" ist noch immer ein eher unbeliebter Ausdruck, während „cardiac lung" vielleicht etwas vertrauter klingt, um die Wechselwirkungen zwischen Linksherzveränderungen und Folgen in der Lunge zu beschreiben. Daß ein Lungenödem das eine Ende des Spektrums von kardial bedingten pulmonalen Veränderungen darstellt, ist geläufig, wie schaut aber das andere Ende aus? Das heißt, welche vielleicht geringfügigen kardialen Veränderungen reichen aus, um pulmonale Folgeerscheinungen zu zeigen.

Pepine und Wiener konnten 1972 zeigen, daß eine durch Frequenzerhöhung herbeigeführte Erhöhung des enddiastolischen Druckes im linken Ventrikel zu einer Verminderung der spezifischen Compliance der Lunge führte, die nach Sinken des enddiastolischen Druckes sich wieder normalisierte [1]. Interiano und Hyde fanden 1973, daß Patienten mit frischem Myokardinfarkt am 1.–4. Tag einen erhöhten Atemwiderstand zeigten, der nicht durch Isoproterenol zu beeinflussen war [2]. Schließlich war zumindest bei Hunden gezeigt worden, daß vagale Stimulation zur Erhöhung der peripheren Resistance zum Teil erheblich beiträgt [3].

Fragestellung

Wir stellten uns daher die Frage, ob die Erhöhung des Atemwiderstandes auch bereits bei klinisch kaum faßbaren Formen der Linksherzinsuffizienz nachweisbar ist, und wählten Patienten mit unkomplizierten Myokardinfarkt als Modell dafür. In einem zweiten Schritt sollte geprüft werden, inwieweit eventuelle Atemwegserhöhungen in dieser Frühphase durch Gabe von Vagolytika zu beeinflussen wären.

Patienten

12 Patienten im Alter von 36–74 Jahren (im Mittel 57 Jahre) wurden wegen eines gesicherten Myokardinfarktes an der Herzüberwachungsstation der Kardiologischen Klinik aufgenommen. Im EKG zeigten sieben Patienten einen Hinterwandinfarkt, zwei Patienten einen Posterolateralinfarkt und drei Patienten einen Vorderwandinfarkt. Die maximale Erhöhung der CPK betrug 127–1408 E (im Mittel 576), die CK-MB 12–250 E (im Mittel 80). Nur bei einem Patienten waren im Thorax-Röntgen bei Aufnahme Zeichen des interstitiellen Ödems, zwei weitere zeigten geringe zentrale Stauungszeichen, während bei neun Patienten das Röntgen unauffällig war.

Die Lungenfunktion wurde bei allen Patienten in halb liegender Position innerhalb von 24 Stunden nach Beginn der Symptomatik untersucht und jeweils am 4., 7. und 13. Tag nach dem Infarktereignis.

Der Atemwiderstand (Ros) wurde mit der oszillatorischen Methode (Siregnost FD 5, Siemens, Erlangen) bestimmt. Spirometrie und Flußvolumenkurven wurden mittels Pneumotachographen mit Volumintegration des Flußsignals (Siregnost FD 10, Siemens, Erlangen) aufgezeichnet.

Bei zehn weiteren Patienten wurden am ersten und vierten Tag nach der Messung des Atemwiderstandes zwei Hübe Ipratropiumbromid als Dosieraerosol verabreicht und die Messung nach 20 Minuten wiederholt.

Ergebnisse

1. Atemwiderstand: Der Atemwiderstand war am ersten Infarkttag mit 6,6 ± 2,0 mbar/l/sec deutlich erhöht, während er am 4., 7. und 13. Tag 4,6 ± 2,0 bzw. 4,3 ± 1,7 und 4,2 ± 1,7 mbar/l/sec betrug.
2. Spirometrie und Flußvolumenkurve: Die Vitalkapazität war am ersten Tag nach Infarkt gegenüber dem Sollwert vermindert, mit einer weiteren Abnahme am 4. Tag. In der Folge wieder kontinuierliche Zunahme. Der Wert am 4. Tag war statistisch signifikant zu den nach 13 Tagen gemessenen Werten verschieden. Der FEV1 war während aller Messungen vermindert, zeigte aber eine zunehmende Tendenz. In der Flußvolumenkurve zeigten die Flowwerte zunehmende Tendenz bei dem maximalen Fluß, dem PEF 75 und PEF 50, während PEF 25 keine Änderungen zeigte.
3. Einfluß von Ipratropiumbromid: Bei den zehn Patienten betrug der Atemwiderstand im Mittel am ersten Tag 7,2 ± 1,2 mbar/l/sec. Bei neun Patienten kam es zu einer Abnahme des Atemwiderstandes nach zwei Hüben Ipratropiumbromid im Mittel auf 5,6 ± 1,2 mbar/l/sec. Nach dem 4. Tag war die Abnahme wesentlich geringer, und zwar von 5,8 ± 1,3 auf 5,2 ± 1,0 mbar/l/sec.

Tabelle 1. Lungenfunktionsparameter an den verschiedenen Tagen nach Infarkt bei zwölf Patienten

	1. Tag	4. Tag	7. Tag	13. Tag
VK (l)	2,8 ± 1,1	2,4 ± 1,1	2,8 ± 1,0	3,2 ± 1,1
% SOLL	74 ± 25	69 ± 25	81 ± 25	91 ± 23
FEV1 (l/sec)	1,8 ± 0,8	1,9 ± 0,8	2,1 ± 0,7	2,3 ± 0,8
FEV1 % VK	68 ± 10	79 ± 8	74 ± 8	73 ± 7
PEF (l/s)	3,5 ± 1,4	4,0 ± 2,3	4,8 ± 1,9	5,3 ± 2,7
PEF75 (l/s)	3,1 ± 1,4	3,8 ± 2,3	4,4 ± 1,9	4,8 ± 2,6
PEF50 (l/s)	2,2 ± 1,4	2,4 ± 1,6	2,9 ± 1,2	2,9 ± 1,7
PEF25 (l/s)	1,0 ± 0,7	1,0 ± 0,5	0,9 ± 0,5	1,0 ± 0,5
Ros (mbar/l/s)	6,6 ± 2,0	4,6 ± 2,0	4,3 ± 1,7	4,2 ± 1,7

Diskussion

Es konnte mit dieser Studie bestätigt werden, daß Störungen der Lungenfunktion auch nach unkompliziertem Myokardinfarkt in den ersten Tagen nachweisbar sind. Diese Veränderungen sind am ersten und vierten Tag am ausgeprägtesten, wobei aber der Atemwiderstand am ersten Tag, die Vitalkapazität erst am 4. Tag ihre stärkste Veränderung zeigt. Der Atemwiderstand gemessen mit der oszillatorischen Methode, ist von der Mitarbeit des Patienten weitgehend unabhängig, ist aber vom intrathorakalem Gasvolumen und der Compliance der Lunge abhängig. Stauungsbedingte Compliance-Veränderungen dürften in diesem Fall aber keinen größeren Einfluß gehabt haben, da der Atemwiderstand vom ersten bis vierten Tag signifikant abnahm, während die Vitalkapazität sich im selben Zeitraum sogar verschlechterte. Eine andere Ursache für den erhöhten Atemwiderstand könnte in der Verminderung der Lungenvolumina und Flowwerte liegen [4]. Wenngleich wir bei unseren Patienten das intrathorakale Gasvolumen nicht gemessen haben, so ist doch unwahrscheinlich, daß die signifikante Abnahme des Atemwiderstandes auf Volumsänderungen zurückgeführt werden könnte. Auch eine Obstruktion der großen Luftwege kann zu einer Erhöhung des Atemwiderstandes führen. Die bei unseren Patienten nur geringradig erniedrigten Werte der forcierten Exspiration und vor allem deren geringe Änderung bei den konsekutiven Messungen spricht gegen eine Obstruktion der oberen Luftwege als Ursache der Atemwiderstandserhöhung.

Veränderungen an den kleinen Atemwegen sind schwierig zu erfassen, Verengungen können aber zu einer Zunahme des Atemwiderstandes führen. Diese können im Tierexperiment durch Druckerhöhung im linken Vorhof ausgelöst werden [5]. Neben der Kompression durch Flüssigkeit könnte aber der Nervus vagus beteiligt sein. In Tierexperimenten ist nach vagaler Stimulation eine Erhöhung der peripheren Resistance gefunden worden [3]. Eine Zunahme der interstitiellen Flüssigkeit führt zur Reizung von Rezeptoren, die im Interstitium der Lunge liegen, wodurch eine Zunahme der vagalen Aktivität resultiert. Dies konnte für Rezeptoren nachgewiesen werden, die juxtaglomerulär (sogenannte J-Receptors) gelegen sind und die durch geringe Flüssigkeitszunahme im Interstitium erregt werden [6]. Die Gabe einer vagusblockierenden Substanz sollte in einem solchen Fall den erhöhten Atemwiderstand vermindern. Tatsächlich konnten wir bei unseren Patienten eine Abnahme des Atemwiderstandes nach Ipratropiumbromid nachweisen, der am ersten Tag deutlich ausgeprägter war als bei den folgenden Messungen.

Somit dürfte ein Teil der Erhöhung des Atemwiderstandes Folge der Veränderung der kleinen Atemwege sein, wobei ein zusätzlicher vagaler Effekt, der nach Reizung von Lungenrezeptoren im Interstitium zu einer vagal bedingten Konstriktion der kleinen Atemwege führt, möglich erscheint. Dies könnte als Art Schutzmechanismus verstanden werden, wobei die Tonuserhöhung der kleinen Luftwege einer möglichen stauungsbedingten Verengung vorbeugen soll.

Literatur

1. Pepine CJ, Wiener L (1972) Relationship of anginal symptoms to lung mechanisms during myocardial ischemia. Circulation 46: 863
2. Interiano B, Hyde RW, Hodges M, Yu PN (1973) Interrelation between alterations and pulmonary mechanics and hemodynamics in acute myocardial infarction. J Clin Invest 52: 1994
3. Woolcock AJ, Macklem PT, Hogg JG, Wilson NJ, Nadel JA, Frank NR, Brain J (1969) Effect of vagal stimulation on central and peripheral airways in dogs. J Appl Physiol 26: 806
4. Fisher AB, DuBois AB, Hyde RW (1968) Evaluation of the forced oscillation technique für die determination of resistance to breathing. J Clin Invest 47: 2045
5. Hogg JC, Agarawal JB, Gardiner AJ, Palmer WH, Macklem PT (1972) Distribution of airway resistance with developing pulmonary edema in dogs. J Appl Physiol 32: 20

6. Paintal AS (1973) Vagal sensory receptors and their reflex effects. Physiol Rev 53: 159

Korrespondenz: Univ.-Prof. Dr. J. Mlczoch, 4. Medizinische Abteilung, Krankenhaus Lainz, Wolkersbergenstraße 1, A-1130 Wien, Österreich

Atemstrombehinderung bei der „cardiac lung"

K. Rasche, M. Strunk, D. Schött, W. Marek
und *W. T. Ulmer*

Medizinische Klinik und Poliklinik, Abteilung für Pneumologie und Allergologie
(Ltd. Arzt: Prof. Dr. G. Schultze-Werninghaus),
der Berufsgenossenschaftlichen Krankenanstalten Bergmannsheil,
Universitätsklinik und Berufsgenossenschaftliches Forschungsinstitut
für Arbeitsmedizin an der Ruhr-Universität Bochum
(Direktor: Prof. Dr. X. Baur)
Bochum, Bundesrepublik Deutschland

Zusammenfassung

Linksventrikuläre Funktionsstörungen des Herzens führen durch die entstehende Lungenstauung zu einer Verschlechterung der Ventilation: Der Atemwegswiderstand nimmt zu, die Lungendehnbarkeit ab, weiterhin kommt es zu Verteilungsstörungen von Ventilation und Perfusion. Wir untersuchten daher bei 48 Myokardinfarkt-/ischämie-Patienten ohne und mit Lungenstauung den oszillatorischen Atemwiderstand bei stationärer Aufnahme und dessen Beeinflußbarkeit durch inhalative Bronchodilatatoren (Ipratropiumbromid, Fenoterol). Es zeigt sich, daß der oszillatorische Atemwiderstand bei den Patienten mit Lungenstauung stets pathologisch erhöht war. Durch Gabe der o. g. Substanzen ließ sich eine Normalisierung des Atemwiderstandes innerhalb kurzer Zeit zuverlässig erreichen. Die stärkste bronchodilatatorische Wirkung hatte Fenoterol, wobei im Einzelfall auch das Vagolytikum wirksamer sein konnte. Die linksventrikuläre Rekompensation alleine zeigte keine vergleichbar schnellen Wirkungen auf den Atemwiderstand. Kardiale Nebenwirkungen der Bronchodilatatoren wurden nicht beobachtet. Die inhalative

Bronchodilatation sollte daher als sinnvolle adjuvante Therapie der akuten Lungenstauung bei Myokardinfarkt genutzt werden.

Einleitung und Fragestellung

Im Rahmen eines Myokardinfarktes kann es komplikativ zu einer linksventrikulären Funktionsstörung des Herzens kommen. Da Herz und Lunge anatomisch und funktionell eng miteinander verbundene Organsysteme sind, führt die durch die Linksherzinsuffizienz bedingte Lungenstauung zu einer Ventilationsstörung. Aufgrund von Verteilungsstörungen kommt es zu einer zunehmenden Hypoxämie. Das zunächst interstitielle, später dann auch alveoläre pulmonale Ödem führt weiterhin zu einer Dehnungsstörung der Lunge, meßbar an einer Erniedrigung der statischen Compliance. Neben dieser restriktiven Ventilationsstörung beobachtet man aber auch eine Erhöhung des Atemwegswiderstandes, also eine Atemwegsobstruktion, die einerseits rein mechanisch durch das pulmonale Ödem erklärt werden kann, andererseits zu einem nicht unbeträchtlichen Anteil durch eine vagal vermittelte Reflexbronchokonstriktion bedingt ist. Es liegt nahe, in diesem Zusammenhang an den Einsatz von bronchodilatatorisch wirksamen Substanzen zu denken, da durch eine Erniedrigung des Atemwegswiderstands die Atemarbeit solcher lebensbedrohlich gefährdeten Patienten reduziert werden könnte. Uns stellten sich daher folgende Fragen:

1. Ist bei Patienten mit akuter Lungenstauung infolge Myokardinfarkt der Atemwegswiderstand stets erhöht?
2. Führt der Einsatz inhalativer Bronchodilatatoren zu einer meßbaren Abnahme des Atemwegswiderstandes?
3. Wie verhält sich der Atemwegswiderstand unter kardialer Rekompensation?
4. Führen die angewandten Bronchodilatatoren zu kardialen Nebenwirkungen?

Zur Klärung dieser Fragen führten wir die nachfolgende Untersuchung durch.

Patienten und Methode

In die Studie wurden insgesamt 48 Patienten mit akutem Myokardinfarkt oder Myokardischämie aufgenommen. Ausgeschlossen wurden solche

Patienten, die anamnestisch oder klinisch Hinweise für eine vorbestehende chronische Bronchitis ohne und mit Atemwegsobstruktion oder für eine chronische Linksherzinsuffizienz boten. Bei den 48 Patienten wurde der oszillatorische Atemwiderstand (Ros) mit einem Siregnost FD 5 (Fa. Siemens) bei Aufnahme auf die Intensivstation gemessen.

Die Oszillationsmethode eignet sich wegen ihrer einfachen Handhabung und nur minimaler Anforderung an den Patienten besonders gut zur „bedside"-Messung des Atemwiderstandes. Da mit der Oszillationsmethode neben Atemwegswiderstandsänderungen auch Dehnbarkeitsstörungen der Lunge und des Thorax erfaßt werden, spricht man bei der erhaltenen Meßgröße nicht vom Atemwegswiderstand, sondern vom oszillatorischen Atemwiderstand.

Die Diagnose Lungenstauung wurde klinisch mittels Auskultation der Lunge und radiologisch mittels Röntgenaufnahme der Thoraxorgane gestellt. Die Patienten wurden zwei Teilkollektiven (A und B) zugeordnet:

Teilkollektiv A: Das Teilkollektiv A setzte sich aus 24 Patienten (7 weiblich, 17 männlich; mittleres Lebensalter $64{,}7 \pm 9{,}3$ Jahre) mit Myokardinfarkt **ohne Lungenstauung** zusammen. Bei diesen Patienten wurde bei Aufnahme der Ros gemessen und eine Blutgasanalyse (Kapillarmethode) durchgeführt.

Teilkollektiv B: Das Teilkollektiv B bestand aus 24 Myokardinfarkt-Patienten (5 weiblich, 19 männlich; mittleres Lebensalter $65{,}6 \pm 7{,}3$ Jahre) **mit Lungenstauung,** die drei Gruppen zugeordnet wurden.

Die **1. Gruppe** (n = 8) erhielt am *1. Untersuchungstag* nach Messung des Ausgangs-Ros zunächst das inhalativ wirksame Vagolytikum Ipratropiumbromid in der Dosierung 40 µg (= 2 Hübe des Dosieraerosols Atrovent®). Danach erfolgte eine Messung des Ros jeweils 1, 5, 10 und 30 Minuten nach Applikation. Im Anschluß daran wurde das β_2-Sympathikomimetikum Fenoterol in der Dosierung 200 µg (= 1 Hub des Dosieraerosols Berotec®) inhalativ verabreicht; die Messung des Ros erfolgte wie vorbeschrieben. Die bronchodilatatorische Therapie wurde in den nächsten 24 Stunden nicht fortgeführt; es wurde jedoch mit einer bilanzierten diuretischen Therapie begonnen. Am *2. Untersuchungstag* wurde zunächst Fenoterol, dann Ipratropiumbromid gegeben; die Messung des Ros erfolgte wie am 1. Untersuchungstag.

Die **2. Gruppe** (n = 8) wurde analog der Gruppe 1 behandelt, die Bronchodilatatoren wurden jedoch in umgekehrter Reihenfolge appliziert. Dieser Studienaufbau wurde gewählt, um Einzeleffekte der angewandten Wirksubstanzen besser zu erkennen.

In Gruppe 1 und 2 wurde parallel zur Ros-Messung eine pulsoximetrische Bestimmung der Sauerstoff-Sättigung und der Herzfrequenz mit einem Pulsoximeter (Ohmeda Biox 3700) sowie eine Messung des arteriellen Blutdrucks durchgeführt.

Die **3. Gruppe** (n = 8) schließlich erhielt sechsmal täglich im Abstand von jeweils 3 Stunden eine fixe Kombination der Bronchodilatatoren in der Dosierung 100 µg Fenoterol und 40 µg Ipratropiumbromid je Applikationszeitpunkt (= 2 Hübe des Dosieraerosols Berodual®). Bei diesen Patienten erfolgte die Bestimmung von Ros vor und 15 Minuten nach Applikation des Dosieraerosols. Der Herzrhythmus wurde 24 Stunden kontinuierlich mit einem EKG-Monitoring überwacht.

Bei allen Patienten mit Lungenstauung wurde nach kardialer Rekompensation gegen Ende des stationären Aufenthaltes eine Ganzkörperplethysmographie und eine Blutgasanalyse durchgeführt, um hierdurch lungenfunktionsanalytisch sicher Patienten mit vorbestehender chronisch-obstruktiver Atemwegserkrankung auszuschließen.

Als statistische Methode diente der t-Test für verbundene Stichproben.

Ergebnisse

Lungenstauung und Atemwiderstand

Alle Patienten ohne klinisch und radiologisch nachweisbare Lungenstauung (Teilkollektiv A) wiesen normale Ausgangswerte des Atemwiderstandes (Ros) auf, während der Ausgangs-Ros bei allen Patienten mit Lungenstauung (Teilkollektiv B) pathologisch erhöht war (Abb. 1).

Der mittlere Ros betrug bei stationärer Aufnahme im
Teilkollektiv A
        3,1 (± 0,68) mbar/l/sec,
Teilkollektiv B
Gruppe 1   5,7 (± 1,6) mbar/l/sec (Abb. 2),
Gruppe 2   5,9 (± 1,3) mbar/l/sec (Abb. 2),
Gruppe 3   6,0 (± 1,9) mbar/l/sec (Abb. 3).

Der obere Normwert der Oszillationsmethode liegt bei 4,0 mbar/l/sec, wobei bei Frauen ein um 0,5 mbar/l/sec höherer Wert angenommen wird.

Atemstrombehinderung bei der „cardiac lung"

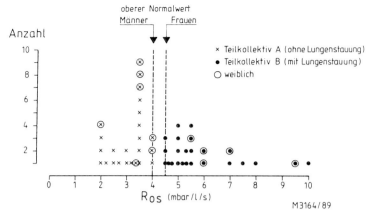

Abb. 1. Verteilung der Atemwiderstandswerte im Gesamtkollektiv (n = 48) bei stationärer Aufnahme

Bei den Patienten mit Lungenstauung war der Atemwiderstand somit im Mittel auf das 1,5–2fache des Normbereiches erhöht.

Wirkung der Bronchodilatatoren bei Lungenstauung

Bei den Patienten mit Lungenstauung *(Teilkollektiv B)* konnte am 1. Untersuchungstag durch Gabe der Bronchodilatatoren der Ros akut im Mittel auf
  Gruppe 1   4,5 (± 1,7) mbar/l/sec (Abb. 2),
  Gruppe 2   3,8 (± 1,2) mbar/l/sec (Abb. 2),
  Gruppe 3   3,9 (± 1,2) mbar/l/sec (Abb. 3).
gesenkt werden. Auch am 2. Untersuchungstag (Gruppen 1 und 2), nachdem bereits eine 24stündige diuretische Therapie durchgeführt worden war, die bronchodilatatorische Therapie jedoch nicht fortgesetzt wurde, konnte mit der jeweils zuerst applizierten Substanz noch eine signifikante Senkung des Ros in den Normbereich erzielt werden. Die Einzelmessungen sind den Abbildungen zu entnehmen. Fenoterol überragte zwar an Wirkungsstärke; im Einzelfall ließ sich jedoch auch eine bessere Wirksamkeit des Vagolytikums Ipratropiumbromid belegen.

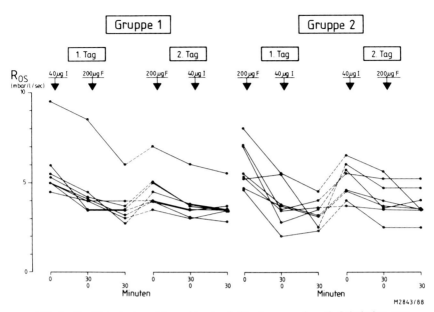

Abb. 2. Oszillatorischer Atemwiderstand (Ros) vor und nach Inhalation von Ipratropiumbromid und Fenoterol in unterschiedlicher Reihenfolge bei Patienten mit Myokardinfarkt und Lungenstauung am 1. und 2. Tag des stationären Aufenthaltes (Gruppen 1 und 2, n = 16)

Vergleich der bronchodilatatorischen Wirkung von Ipratropiumbromid und Fenoterol (Abb. 4)

Am 1. Untersuchungstag konnte in Gruppe 1 des Teilkollektivs B durch kombinierte Gabe von Ipratropiumbromid und Fenoterol eine mittlere Abnahme des Atemwiderstandes um 35,1%, in der Gruppe 2 sogar um 44,1% vom Ausgangswert erzielt werden. Durch primäre Gabe des Vagolytikums Ipratropiumbromid wurde im Mittel 60,1% der gesamt-bronchospasmolytischen Wirkung in Gruppe 1, durch initiale Gabe des Sympathikomimetikums Fenoterol im Mittel 80,7% der gesamt-bronchospasmolytischen Wirkung in Gruppe 2 erreicht. Immerhin betrug in der Gruppe 2 der nur durch das Vagolytikum zu beeinflussende Anteil der Atemwegsobstruktion im Mittel noch 19,3%.

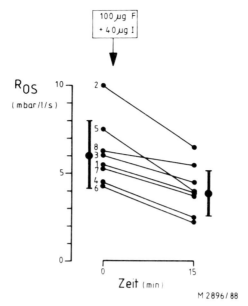

Abb. 3. Oszillatorischer Atemwiderstand (Ros) vor und 15 Minuten nach Inhalation einer fixen Kombination von Ipratropiumbromid und Fenoterol bei Patienten mit Myokardinfarkt und Lungenstauung bei stationärer Aufnahme (Gruppe 3, n = 8)

Am 2. Untersuchungstag war durch die beginnende kardiale Rekompensation das Ausgangs-Ros-Niveau bereits reduziert. Der Atemwiderstand konnte jedoch noch in beiden Gruppen um im Mittel 19,6 bzw. 24,8% gesenkt werden. Mit Fenoterol erreichte man in Gruppe 1 im Mittel 94,4% der gesamt-bronchospasmolytischen Wirkung, mit Ipratropiumbromid in der Gruppe 2 immerhin 80,7%.

Effekt der diuretischen Therapie auf den Atemwiderstand (Abb. 5)

Bei den Gruppen 1 und 2 konnte durch Gabe der Bronchodilatatoren der Ros am 1. Untersuchungstag innerhalb von Minuten im Mittel um 40% vom Ausgangswert gesenkt werden, durch die diuretische Therapie jedoch nur im Mittel um 15% innerhalb von 24 Stunden.

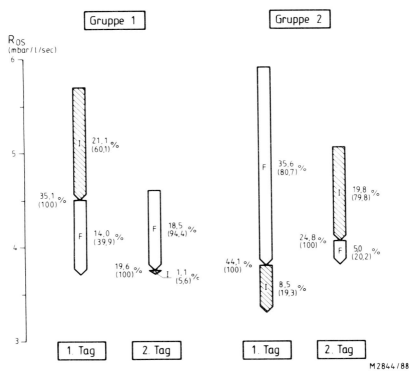

Abb. 4. Bronchodilatatorische Wirkung von Ipratropiumbromid und Fenoterol im Vergleich. Dargestellt ist die mittlere Abnahme des Atemwiderstandes (Ros) in den Gruppen 1 und 2 des Teilkollektivs B an beiden Untersuchungstagen für die benutzten Bronchodilatatoren. Die Zahlenangaben im Bereich der Balken beziehen sich auf die jeweilige mittlere prozentuale Abnahme des Ros vom Ausgangswert, die in Klammern gesetzten Zahlenangaben auf die gesamt-bronchospasmolytische Wirkung, die 100% gleichgesetzt wurde

Nebenwirkungen der Bronchodilatatoren

Wir beobachteten bei allen Patienten keine gerichteten Veränderungen der Blutgase, keine signifikante Zunahme der Herzfrequenz und des arteriellen Blutdrucks und keine Zunahme der Häufigkeit kardialer Arrhythmieereignisse nach Gabe der Bronchodilatatoren. Insbesondere

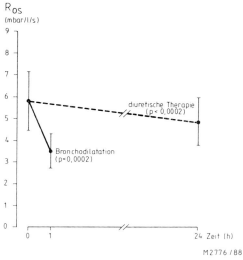

Abb. 5. Vergleich der Wirkung der diuretischen und der bronchodilatatorischen Therapie auf den Atemwiderstand (Ros) (Gruppen 1 und 2, n = 16)

ergab die detaillierte Analyse des Auftretens ventrikulärer Herzrhythmusstörungen unter einer 24stündigen bronchodilatatorischen Dauertherapie in Gruppe 3 (Abb. 6) keinen Hinweis dafür, daß bei den ohnehin spontan aufgrund des Myokardinfarktes zum Auftreten ventrikulärer Arrhythmien neigenden Patienten die Bronchodilatatoren zusätzlich eine arrhythmogene Wirkung haben.

Diskussion

In früheren Untersuchungen konnte gezeigt werden, daß akute und chronische linksventrikuläre Funktionsstörungen des Herzens zu einer Verschlechterung der Ventilation führen [1, 3, 6]. Durch verschiedene Pathomechanismen kommt es zu einer Erhöhung des Atemwegswiderstandes, zu einer Abnahme der Lungendehnbarkeit sowie zu Verteilungsstörungen von Ventilation und Perfusion. Gerade die Zunahme des Atemwegswiderstandes, also die obstruktive Komponente der Ventilationsstörung, kann ein derartiges Ausmaß annehmen, daß sie nicht mehr

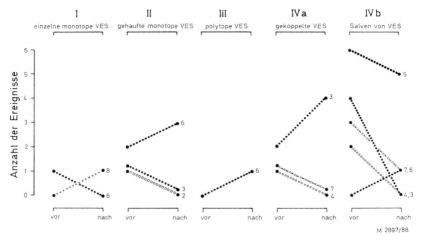

Abb. 6. Häufigkeit von Arrhythmieereignissen während einer 24stündigen bronchodilatatorischen Dauertherapie jeweils 30 Minuten vor und nach Inhalation einer fixen Bronchodilatator-Kombination (Gruppe 3, n = 8). Dargestellt sind die addierten absoluten Häufigkeiten von ventrikulären Herzrhythmusstörungen verschiedenen Schweregrades bei den einzelnen Patienten (Identifikation des jeweiligen Patienten durch Symbole und Zahlen) jeweils vor und nach Applikation des Pharmakons

als alleiniger „Schutzmechanismus" gegenüber einer zunehmenden pulmonalen Ödementwicklung angesehen werden kann, sondern vielmehr zu einem übermäßigen Anstieg der zu leistenden Atemarbeit führt [8]. Der Patient empfindet dies je nach Ausprägung und zeitlicher Gewöhnung subjektiv als Dyspnoe, die vor allem bei Patienten mit chronischer linksventrikulärer Funktionsstörung mit dem Terminus „Asthma cardiale" umschrieben wird. Der Einsatz inhalativ wirksamer Bronchodilatatoren führt bei diesen Patienten subjektiv und objektiv zu einer Verbesserung der Ventilation [1]. Gerade bei Patienten mit akuter Linksherzinsuffizienz, der häufig eine Myokardischämie oder ein Myokardinfarkt zugrunde liegt, stellt eine Verschlechterung der Ventilation eine schwerwiegende Komplikation dar, da diese Patientengruppe ohnehin durch ihre Grunderkrankung akut vital gefährdet ist. Eine Verbesserung der Ventilation stellt daher bei diesen Patienten ein sinnvolles Therapieziel dar.

Anhand unserer Untersuchungen konnte gezeigt werden, daß der oszillatorische Atemwegswiderstand bei Patienten mit akuter Linksherzinsuffizienz und Lungenstauung im Rahmen eines Myokardinfarktes oder einer Myokardischämie stets pathologisch erhöht ist. Myokardinfarkt-Patienten ohne klinische oder radiologische Hinweise für eine Lungenstauung wiesen stets einen im Normbereich liegenden Atemwiderstand auf. Dieser lag jedoch im Mittel im oberen Normbereich ($3{,}1 \pm 0{,}68$ mbar/l/sec), so daß vermutet werden kann, daß es auch bei einem unkomplizierten Myokardinfarkt, z. B. durch vagal vermittelte Reflexmechanismen, zu einer geringgradigen Erhöhung des Atemwegswiderstandes kommt [3, 6]. Sicherlich ist das Ausmaß dieser Ventilationsstörung so gering, daß eine spezifische therapeutische Intervention hierbei nicht in Frage kommt. Bei den Patienten mit Zeichen der Linksherzinsuffizienz war der oszillatorische Atemwiderstand bei Aufnahmeuntersuchung gegenüber dem Vergleichskollektiv nahezu verdoppelt. Er betrug in den verschiedenen Untersuchungsgruppen im Mittel zwischen 5,7 und 6,0 mbar/l/sec. Durch inhalative Gabe von Ipratropiumbromid und/oder Fenoterol konnte der oszillatorische Atemwiderstand in allen Gruppen in wenigen Minuten stets in den Normbereich gesenkt werden. Dieses läßt auf einen beträchtlichen Anteil von durch J- und Irritant-Rezeptoren vagal vermittelter Reflexbronchokonstriktion verbunden mit einer Hyperreagibilität des Bronchialsystems schließen [4, 5, 9, 10] (Abb. 7). Die diuretische Therapie führte demgegenüber nur zu einer langsamen Senkung des Atemwiderstandes innerhalb von Tagen, da hierdurch primär nur das pulmonale Ödem beeinflußt werden kann. Fenoterol überragte an Wirkungsstärke, im Einzelfall hatte aber auch das Vagolytikum Ipratropiumbromid eine bessere Wirksamkeit. Auch unter einer 24stündigen Dauertherapie mit sechsmal täglich 100 µg Fenoterol + 40 µg Ipratropiumbromid traten keine kardialen Nebenwirkungen auf. Insbesondere gab es keinen Hinweis für eine zusätzliche arrhythmogene Wirkung dieser Substanzen auf das Myokard.

Aus unseren Ergebnissen ziehen wir daher folgende Schlußfolgerungen: Die therapeutische Möglichkeit der inhalativen Bronchodilatation sollte zur Verbesserung der Ventilation bei Patienten mit akuter Lungenstauung als sinnvolles adjuvantes Therapieprinzip neben der üblichen Therapie der Linksherzinsuffizienz mit Diuretika, Vorlastsenkern und positiv inotrop wirksamen Substanzen genutzt werden (Abb. 5). Hierdurch läßt sich die Atemarbeit akut vital gefährdeter Patienten zuverläs-

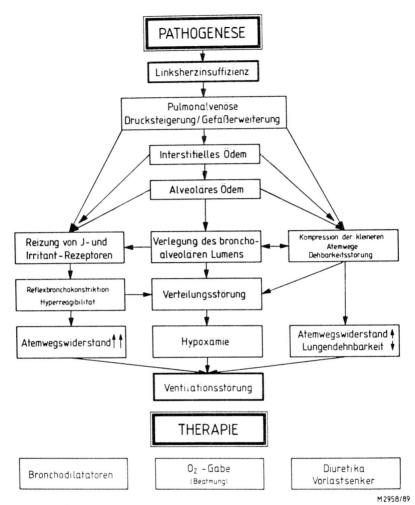

Abb. 7. Übersicht über Pathogenese und Therapie der Ventilationsstörung bei Linksherzinsuffizienz

sig, schnell und ohne nachweisbare kardiale Nebenwirkungen reduzieren. Möglicherweise führt die Anwendung inhalativer Bronchodilatatoren bei Patienten mit Lungenstauung zusätzlich zu einer Abnahme der Häufigkeit von sog. „Stauungspneumonien", da es insbesondere durch

β_2-Sympathikomimetika neben der Bronchialerweiterung auch zu einer Verbesserung der Sekretolyse kommt. Weiterhin wäre zusätzlich ein, wenn auch geringer positiv inotroper Effekt der β_2-Sympathikomimetika zu diskutieren [2].

Für die Praxis empfiehlt sich eine durch Atemwegswiderstands-Messung kontrollierte Dauertherapie, die einige Tage über die kardiale Rekompensation hinaus fortgeführt werden sollte. Bronchodilatatoren sollten spätestens bei einer Verdopplung des Atemwegswiderstandes gegeben werden. Zur Optimierung der bronchospasmolytischen Wirkung bei gleichzeitiger Minimierung von Nebenwirkungen und bei nicht immer vorhersehbarem Effekt der Monotherapie empfiehlt sich eine kombinierte Gabe eines inhalativen Vagolytikums und eines β_2-Sympathikomimetikums (z. B. Ipratropiumbromid + Fenoterol = Berodual® in einer Dosierung von dreistündlich zwei Hüben des Dosieraerosols).

Literatur

1. Altmaier KJ, Schött D, Jaedicke W, Barmeyer J, Ulmer WT (1983) Lungenfunktion bei Mitralvitien und chronischen Störungen der linksventrikulären Funktion. Inn Med 10: 129–134
2. Chapman KR, Smith DL, Rebuck AS, Leenen FHH (1985) Hemodynamic effects of inhaled ipratropium bromide, alone and combined with inhaled beta$_2$-agonists. Am Rev Respir Dis 132: 845–847
3. Hales CA, Kazemi H (1974) Pulmonary function after uncomplicated myocardial infarction. Chest 72/3: 350–358
4. Hogg JC, Agarawal JB, Gardiner AJS, Palmer WH, Macklem PT (1972) Distribution of airway resistance with developing pulmonary edema in dogs. J Appl Physiol 32/1: 20–24
5. Kikuchi R, Sekizawa K, Sasaki H, Hirose Y, Matsumoto N, Takishima T, Hildebrandt J (1984) Effects of pulmonary congestion on airway reactivity of histamine aerosol in dogs. J Appl Physiol 57: 1640–1647
6. Mlczoch J, Kummer F (1979) Vagusbedingte Erhöhung des Atemwiderstandes bei Patienten mit frischem Myokardinfarkt. Acta Med Austriaca 6/2: 67–71
7. Paintal AS (1969) Mechanisms of stimulation of type J pulmonary receptors. J Physiol (Lond) 203: 511–532
8. Rodbard S (1953) Bronchomotor tone – a neglected factor in the regulation of the pulmonary circulation. Am J Med 15: 356–367
9. Sellick H, Widdicombe JG (1969) The activity of lung irritant receptors during pneumothorax, hyperpnoea and pulmonary vascular congestion. J Physiol (Lond) 203: 359–381
10. Ulmer WT, Zimmermann I (1978) The location and importance of the sensoric receptors on reflex bronchoconstriction. Lung 155: 67

Korrespondenz: Dr. med. K. Rasche, Medizinische Universitätsklinik und Poliklinik, Abteilung für Pneumologie und Allergologie, Berufsgenossenschaftlichen Krankenanstalten Bergmannsheil, Gilsingstraße 14, D-W-4630 Bochum 1, Bundesrepublik Deutschland.

Entwicklung neuer anticholinerger Bronchodilatatoren

R. Bauer

Boehringer Ingelheim GmbH, Bereich Forschung und Entwicklung, Ingelheim, Bundesrepublik Deutschland

Zusammenfassung

Beginnend mit Ipratropiumbromid wird eine Reihe von hochwirksamen Anticholinergika (Oxitropiumbromid, Flutropiumbromid, Sevitropiummesilat und BA 679-BR) pharmakologisch charakterisiert. Alle Verbindungen entfalten eine ausgeprägte bronchodilatierende Wirkung bei lokaler Anwendung als Aerosol.

Als quartäre Ammoniumverbindungen vermögen sie nicht die Blut-Hirn-Schranke zu passieren, werden schlecht enteral resorbiert und können nicht oder nur sehr schwer die biologischen Membranen der Atemwege zur Blutseite hin penetrieren. Damit ist auch bei hoher lokaler Überdosierung nicht mit anticholinergen Nebenwirkungen zu rechnen. Insgesamt stellen die beschriebenen Anticholinergika, als Aerosole appliziert, ausgesprochen sichere und weitgehend nebenwirkungsfreie Präparate dar.

Einführung

Die Behandlung obstruktiver Atemwegserkrankungen mit Anticholinergika ist ein sehr altes therapeutisches Prinzip. Bereits vor 4000 Jahren wurde die Inhalation des Rauches von Blättern verschiedener Datura-Arten zur Behandlung von Atemnot von der indischen Medizin empfohlen. Britische Sanitätsoffiziere machten diese Therapie in Europa zu

Beginn des 19. Jahrhunderts bekannt [1]. Asthmazigaretten, hergestellt zum Beispiel aus Blättern von Datura stramonium, waren bis Mitte der siebziger Jahre in der Bundesrepublik Deutschland in Apotheken erhältlich. Als wirksame Bestandteile enthielten sie Atropin und Scopolamin. Beide Pharmaka waren im Rauch von Asthmazigaretten als sehr homogenes Aerosol mit einer durchschnittlichen Partikelgröße von 0,44 µm enthalten [2], weshalb sie viel tiefer in die Atemwege eindringen konnten als Aerosolpartikel, die von modernen Aerosolgeräten freigesetzt werden. Trotz erwiesener Wirksamkeit [3–8] wurden Asthmazigaretten niemals als Therapeutika akzeptiert, sondern mehr der Volksmedizin zugeordnet. Der unangenehme Geruch des Rauches und ihre wenig attraktive Aufmachung (Abb. 1) mögen Gründe für diese mangelnde Anerkennung sein.

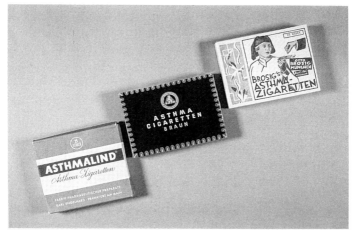

Abb. 1. Asthmazigaretten wie sie bis Mitte der siebziger Jahre erhältlich waren

Zu Beginn der sechziger Jahre erschienen vermehrt wissenschaftliche Publikationen, in denen auf die Rolle des N. vagus bei der Regulation der Bronchomotorik hingewiesen wurde [9, 10]. In der Bundesrepublik Deutschland warb vor allem W. T. Ulmer für den Einsatz von Anticholinergika zur Behandlung obstruktiver Atemwegserkrankungen. Darüber hinaus plädierte er für die Entwicklung neuer Anticholinergika mit weniger Nebenwirkungen und längerer Wirkungsdauer als Atropin, so daß er letzten Endes den Anstoß zur Entwicklung von Ipratropiumbromid und dessen Nachfolgesubstanzen gab. Allen in der Abb. 2 aufgeführten Substanzen ist eine quartäre Ammoniumstruktur, eine schlechte enterale Resorption und die Tatsache eigen, daß sie die Blut-Hirn-Schranke nicht penetrieren können.

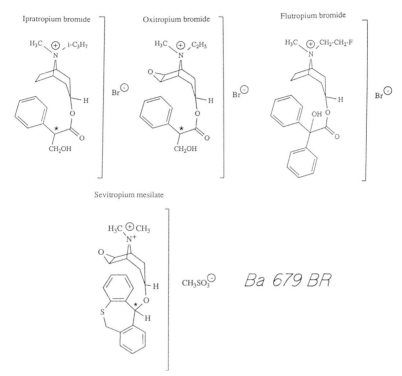

Abb. 2. Chemische Struktur von Ipratropiumbromid und Nachfolgesubstanzen (Ipratropiumbromid wurde von Dr. W. Schulz in Zusammenarbeit mit Dr. R. Banholzer, die übrigen Verbindungen von Dr. R. Banholzer, Abt. Pharmachemie der Fa. Boehringer Ingelheim, synthetisiert)

Ipratropiumbromid

Ipratropiumbromid (N-isopropyl-noratropin-methobromid, Atrovent®, Sch 1000) war die erste Substanz [17], die die Anforderung nach längerer

Wirkungsdauer und geringeren Nebenwirkungen erfüllte. Ipratropiumbromid ist ein reiner kompetitiver Acetylcholinantagonist. Die Wirkungsstärke liegt sowohl in vitro als auch in vivo nach parenteraler Gabe bei 1–2mal Atropin.

Nach oraler Applikation erreicht Ipratropiumbromid lediglich $1/10$ bis maximal $1/2$ der Wirkungsstärke von Atropin [19, 20]. Der Abstand zwischen parenteraler und enteraler ED_{50} beträgt 1:42 bis 1:1100 (Tabelle 1).

Tabelle 1. ED_{50}-Werte von Ipratropiumbromid nach parenteraler und oraler Applikation

Test	ED_{50} (mg/kg) parenteral	ED_{50} (mg/kg) enteral	Ratio
1. Mydriasis (Maus)	0,02	4,5	1 : 225
2. Hemmung der Speichelsekretion (Maus)	0,008	1,8	1 : 225
3. Hemmung der Magensekretion (Maus)	0,005	5,5	1 : 1100
4. Tachykardie (Hund)	0,015	0,64	1 : 42
5. Hemmung von Harnblasenspasmen (Hund)	0,017	8,0	1 : 126

ED_{50} = 50%ige Hemmung von Speichelsekretion, Magensekretion und Harnblasenspasmen bzw. 50%iger Anstieg der Herzfrequenz und des Pupillendurchmessers

Hieraus kann auf eine geringe enterale Resorption geschlossen werden, was in Studien zur Pharmakokinetik bestätigt wurde [18]. Dank seiner chemischen Struktur vermag Ipratropiumbromid – im Gegensatz zu Atropin – die Blut-Hirn-Schranke nicht zu penetrieren. Dieses kann sehr eindrucksvoll mit extrem hochdosiertem, markiertem Ba 253 (Oxitropiumbromid, Ventilat®) an Ganztierautoradiogrammen beispielhaft für alle erwähnten Quartärverbindungen gezeigt werden (Abb. 3).

Man beachte die deutliche Markierung aller vagal innervierten Organe und das Fehlen jeglicher Aktivität im ZNS (Autoradiogramm von Frau Dr. I. Richter, Abt. Biochemie der Fa. Boehringer Ingelheim KG).

Die schlechte enterale Resorption, für Pharmaka üblicherweise nachteilig, erweist sich für den Fall inhalativer Applikation jedoch als sehr

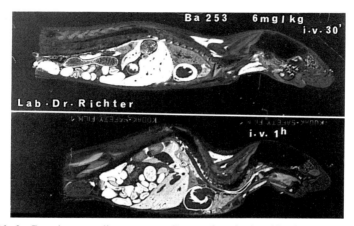

Abb. 3. Ganztierautoradiogramm von Ratten. 6 mg/kg i. v. 30 min (oberer Bildteil) und 60 min (unterer Bildteil) nach Applikation

vorteilhaft, weil abgeschluckte Anteile des inhalierten Wirkstoffes nicht oder nur zu einem geringen Anteil resorbiert werden und somit keine systemischen atropinartigen Nebenwirkungen auslösen können.

Obgleich Anticholinergika wie Ipratropiumbromid als nicht selektive Acetylcholinantagonisten bezeichnet werden [22], lassen sich im Tierexperiment unterschiedliche Affinitäten zu verschiedenen vagal innervierten Organen aufzeigen (Abb. 4).

Die bei Hunden nach i. v. Gabe ermittelten ED_{50}-Werte lassen auf einen Blick erkennen, daß die glatte Muskulatur der Atemwege am empfindlichsten auf Anticholinergika anspricht (Tabelle 2).

Tabelle 2. Affinität von Ipratropiumbromid zu verschiedenen vagal innervierten Organen nach i. v. Injektion bei Hunden

Parameter	ED_{50} µ/kg
Bronchodilatation	0,15
Hemmung der Speichelsekretion	1,5
Hemmung der Darmmotilität	3,5
Tachykardie	15,0
Hemmung von Harnblasenspasmen	17,0

Der Abstand zwischen Hauptwirkung Bronchodilatation und der sensibelsten Nebenwirkung, der Hemmung der Speichelsekretion, beträgt nach i. v. Gabe 1:10. Dieser Abstand vergrößert sich bei Applikation wäßriger Aerosole auf 1:285 bzw. 1:93 nach Anwendung von Dosieraerosolen (Tabelle 3). Eine Bronchodilatation kann folglich mit Dosen erreicht werden, die bei anderen vagal innervierten Organen noch keine Wirkung auslösen.

Tabelle 3. Wirkung von Ipratropiumbromid auf die glatte Muskulatur der Atemwege und die Speichelsekretion bei Hunden nach lokaler Applikation

Parameter	EC_{50} (%) – wässriges Aerosol
Bronchodilatation	0,014
Hemmung der Speichelsekretion	4,0
	ED_{50} (µg/Hund) – Dosieraerosol
Bronchodilatation	28
Hemmung der Speichelsekretion	2600
Tachykardie	> 8000

EC_{50} = Lösungskonzentration, die als Aerosol die Bronchospasmen und die Speichelsekretion um 50% hemmt)

Andere typische anticholinerge Effekte, wie z. B. Tachykardie, konnten mit Dosieraerosolen bis zu Dosen von 8 mg/Hund nicht ausgelöst werden. Dies ist ein Indiz dafür, daß Ipratropiumbromid nicht nur schlecht enteral resorbiert wird, sondern auch die biologischen Membranen im Bereich der Atemwege nicht oder nur sehr schwer zur Blutseite hin zu penetrieren vermag. Eine Erklärung hierfür ist sicherlich darin zu sehen, daß die Atemwege entwicklungsgeschichtlich aus dem cranialen Teil des Darmrohres hervorgehen.

Vergleicht man pharmakologisch Atropin und Ipratropiumbromid mit Isoprenalin, Orciprenalin oder Salbutamol (Tabelle 4), so wird ersichtlich, daß sich die beiden Anticholinergika mit den aufgeführten β-Mimetika bezüglich Wirkungsstärke und Wirkungsdauer durchaus messen können [23].

Tabelle 4. Bronchodilatierende Wirkung, Zeit bis zum Erreichen des Wirkungsmaximums und Halbwertszeit von einigen Anticholinergika und β-Mimetika bei Hunden

Substanz	EC_{50} (%) Bronchodilatation	Wirkungsmaximum nach Minuten	t/2 (min)
Atropin	0,031	1	11
Ipratropiumbromid	0,014	6—11	30
Isprenalin	0,019	1	6
Orciprenalin	0,242	6	16
Salbutamol	0,169	1—6	21

Oxitropiumbromid

Oxitropiumbromid [(–)-N-ethylnorscopolaminmethobromid = Ba 253, Ventilat®, Tersigat®], ist ein hochwirksamer, kompetitiver Acetylcholinantagonist [24]. In vitro ist die Verbindung 15mal wirksamer als Atropin.

Bei In-vivo-Experimenten wurde eine Wirkungsstärke von 2,5–5mal Atropin ermittelt. Prinzipiell entspricht das pharmakologische Wirkungsbild dem von Ipratropiumbromid. Als wesentliche Unterschiede sind die ausgeprägtere Wirkungsstärke und die längere Wirkungsdauer hervorzuheben (Tabelle 5).

Tabelle 5. Bronchodilatierende Wirkung, Zeit bis zum Erreichen des Wirkungsmaximums und Halbwertszeit von Oxitropiumbromid und Ipratropiumbromid-Dosieraerosolen

Substanz	Bronchodilatation ED_{50} (µg/Hund)	Wirkungsmaximum nach Minuten	t/2 (min)
Oxitropiumbromid	16	6—11	60
Ipratropiumbromid	28	6—11	45

Appliziert aus Dosieraerosolen ist Oxitropiumbromid etwa doppelt so wirksam wie Ipratropiumbromid, seine Wirkungsdauer ist etwa 30% länger. Die bei Hunden mit einer modifizierten Methode [23] von Konzett und Rössler [26] ermittelten Ergebnisse sind als eine Art Zeitraffung anzusehen. Die Halbwertszeiten von 45 Minuten für Ipratropiumbromid bzw. 60 Minuten für Oxitropiumbromid entsprechen einer klinischen Wirkungsdauer von 6 Stunden für Ipratropiumbromid und 8 Stunden für Oxitropiumbromid.

Flutropiumbromid

Das pharmakologische Profil von Flutropiumbromid (Ba 598, Flubron®) ist dem von Ipratropiumbromid sehr ähnlich. Bezüglich bronchodilatierender Wirkung, Wirkungsdauer und fehlender Nebenwirkungen entspricht die Verbindung [27] weitgehend dem Ipratropiumbromid [28]. Zusätzlich zur deutlichen anticholinergen Wirkung besitzt Flutropium antihistaminäre und antiallergische Wirkkomponenten, die in vivo ausgeprägter als in vitro sind [29].

Sevitropiummesilat

(BEA 1306) wurde mit dem Ziel der Indikationserweiterung synthetisiert. Neben ihrer anticholinergen sollte diese Verbindung noch eine ausgeprägte antihistaminäre Wirkung besitzen.

Hierbei waren einige Probleme zu lösen. Beide Wirkkomponenten waren in einem Molekül zu vereinigen, ihre Wirkungsstärke sollte möglichst ausgewogen sein. Schließlich sollte der Antihistaminanteil bei lokaler Applikation als Aerosol in der Lage sein, i. v. induzierte Histaminspasmen zu antagonisieren. Diese Forderung war das Hauptproblem, denn alle bekannten Antihistaminika sind nach lokaler Applikation als Aerosol bei Histaminbronchospasmen nicht oder nur sehr mäßig wirksam.

Die anticholinerge Wirkung von BEA 1306 ist geringer als die von Ipratropiumbromid. Je nach Art der Applikation erreicht BEA 1306 etwa $1/7$ (bei i. v. Injektion) bis $1/2$ (bei Gabe von Dosieraerosolen) der anticholinergen bronchodilatierenden Wirkung von Ipratropiumbromid (Tabelle 6). Die Antihistaminkomponente erreicht in vitro und nach i. v. Gabe in vivo die Wirkungsstärke von Diphenhydramin [30]. Für Ipratropiumbromid kann selbst bei extrem hoher Dosierung weder parenteral noch lokal als Aerosol appliziert eine Antihistaminwirkung aufgezeigt werden.

Tabelle 6. Wirkung von BEA 1306 und Ipratropiumbromid auf Acetylcholin und Histamin-induzierte Bronchospasmen nach i. v. Gabe, Gabe von wäßrigen Aerosolen und Dosieraerosolen bei Hunden

Substanz	Acetylcholinspasmen	Histaminspasmen
	ED_{50} (µg/kg) i. v.	
BEA 1306	1,11	4,75
Ipratropiumbromid	0,15	–*
	EC_{50} (%) wäßriges Aerosol	
BEA 1306	0,086	0,89
Ipratropiumbromid	0,014	–*
	ED_{50} (µg/Hund) Dosieraerosol	
BEA 1306	65	190
Ipratropiumbromid	28	–*

* nicht wirksam

Im Gegensatz zu den „reinen" Acetylcholinantagonisten Ipratropiumbromid und Oxitropiumbromid ist BEA 1306 in der Lage, sowohl Acetylcholin- als auch Histamin-induzierte Bronchospasmen zu antagonisieren. Lokal als Aerosol gegeben ist BEA 1306 wie Ipratropiumbromid praktisch frei von Nebenwirkungen.

BA 679-BR

Als letztes Glied einer Reihe von anticholinergen Verbindungen soll BA 679-BR erwähnt werden. Die Substanz fiel bei In-vitro-Versuchen einerseits durch ausgeprägte anticholinerge Wirksamkeit und andererseits dadurch auf, daß sie in sonst nicht üblicher Weise am Gewebe haftete. In Experimenten an wachen Hunden wurde festgestellt, daß diese starke „Haftung" ein erster Hinweis auf eine sehr lange Wirkungsdauer war. So bewirken z. B. 3 µ/kg i. v. bei wachen Hunden einen Herzfrequenzanstieg von 50–100% bei einer Wirkungsdauer von mehr als 6 Stunden. Äquieffektive Dosen von Atropin besitzen eine tachykarde Wirkungsdauer von maximal 30 Minuten.

Eine ausgeprägte bronchodilatierende Wirkung und eine außergewöhnlich lange Wirkungsdauer wurden von Dr. W. Traunecker (Abteilung Pharmakologie der Fa. Boehringer Ingelheim KG) bei narkotisierten Hunden ermittelt und damit die hohe Affinität von BA 679 zu vagal innervierten Organen und die lange Wirkungsdauer von BA 679 bestätigt (Abb. 4).

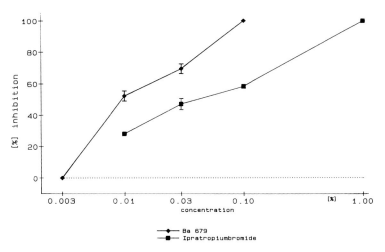

Abb. 4. Dosiswirkungskurven von BA 679 und Ipratropiumbromid nach Gabe von wäßrigen Aerosolen bei Hunden

Die bronchodilatierende Wirkung von BA 679 ist 3mal stärker als die von Ipratropiumbromid, die Wirkungsdauer dürfte um den Faktor 3–6 länger sein (Abb. 5).

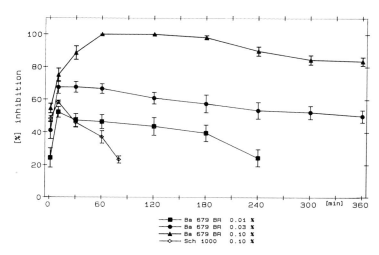

Abb. 5. Bronchodilatierende Wirkung und Wirkungsdauer von wäßrigen BA 679- und Ipratropiumbromid-Aerosolen bei Hunden

Aufgrund der Erfahrung mit Ipratropiumbromid darf man davon ausgehen, daß mit einer einmaligen täglichen Inhalation von BA 679 eine sichere 24stündige Bronchodilatation erreicht werden kann.

Mit BA 679 wurde ein sehr hohes Ziel erreicht. Es dürfte nicht einfach sein, diese Verbindung bezüglich ihrer anticholinergen Wirkungsstärke und ihrer Wirkungsdauer zu übertreffen. Als weitere Entwicklung wäre an Moleküle zu denken, die neben ihrer anticholinergen Aktivität Wirkkomponenten besitzen, die in der Lage sind, Mediatoren zu antagonisieren, die in der Pathophysiologie der obstruktiven Atemwegserkrankungen eine Rolle spielen. Auch selektive Muskarinantagonisten könnten einen Fortschritt bringen. Verbindungen, die selektiv nur an der glatten Muskulatur der Atemwege angreifen, jedoch keine Affinität zu anderen vagal innervierten Organen besitzen, könnten die Entwicklung von Pharmaka ermöglichen, die im Gegensatz zu den bekannten anticholinergen Bronchodilatatoren, nicht nur nach inhalativer, sondern auch nach p. o. Gabe zwischen Haupt- und Nebenwirkungen differenzieren.

Literatur

1. Gandevia B (1975) Historical review of the use of parasympatholytic agents in the treatment of respiratory disorders. Postgrad Med J 51 [Suppl 7]: 13
2. Ervenius D, Holmstedt B, Wallen O (1958) Atropin- und Stramoniumzigaretten. Naunyn-Schmiedebergs Arch Exp Path Pharmakol 234: 343
3. Holmstedt B, Wallen O (1959) Drug administration by means of cigarettes. Arch Int Pharmacodyn 119: 275
4. Herxheimer H (1959) Atropine cigarettes in asthma and emphysema. Br Med J II: 167
5. Nadel JA, Comroe JH Jr (1961) Acute effects of inhalation of cigarette smoke on airway conductance. J Appl Physiol 15: 713
6. Trechsel K, Bachofen H, Scherrer M (1973) Die bronchodilatorische Wirkung der Asthmazigarette. Schweiz Med 103: 415
7. Charpin D, Orehek J, Velardocchio JM (1979) Bronchodilator effects of antiasthmatic cigarette smoke (Datura stramonium). Thorax 34: 259
8. Elliott HL, Reid JL (1980) The clinical pharmacology of a herbal asthma cigarette. Br J Clin Pharmacol 10: 487
9. Patterson R (1960) Investigation of spontaneous hypersensitivity of the dog. J Allergy 31: 357
10. Nadel JA, Salem H, Tamphin B, Tokiwa Y (1965) Mechanism of bronchoconstriction during inhalation of sulfur dioxide. J Appl Physiol 20: 164
11. DeKock MA, Nadel JA, Zwi S, Colebatch HJH, Olsen CR (1966) New method for perfusing bronchial arteries: histamine bronchoconstriction and apnea. J Appl Physiol 21: 185
12. Simonsson BG, Jacobs FM, Nadel JA (1967) Role of autonomie nervous system and the cough reflex in the increased responsiveness of airways in patients with obstructive airway disease. J Clin Invest 46: 1812
13. Karczewski W, Widdicombe JG (1969a) The effect of vagotomy, vagal cooling and efferent vagal stimulation on breathing and lung mechanics of rabbits. J Physiol 201: 259
14. Yu D, Galand S, Gold WM (1972) Inhibition of antigen induced bronchoconstriction by atropine in asthmatic patients. J Appl Physiol 32: 823
15. Kunkel G, Staud R-D, Rudolph R, Kerster R (1976) Die Rolle des Nervus vagus für die allergisch und nicht allergisch ausgelöste Atemwegsobstruktion und therapeutische Folgerungen. Prax Pneumol 30: 459
16. Ulmer WT (1971) Inhalationstherapie mit Atropinderivaten. Med Klin 66: 326
17. Schulz W, Banholzer R, Pock K-H (1976) Eine neue Methode zur technischen Darstellung von tertiären und quartären d,1-Tropasäureestern einiger N-substituierter Nortropan- bzw Granatan-3-ole. Arzneimittelforschung (Drug Res) 26/5 a: 960
18. Förster H-J, Kramer J, Pock K-H, Wahl D (1976) Untersuchungen zur Pharmakokinetik und Biotransformation von Ipratropiumbromid bei Ratte und Hund. Arzneimittelforschung (Drug Res) 26: 992
19. Bauer R, Kuhn F-J, Stockhaus K, Wick H (1976) Allgemeine Pharmakolo-

gie und sekretionshemmende Wirkung von (8r)-3α-Hydroxy-8-isopropyl-1 αH, 5 α H-tropaniumbromid-(+)-tropat (Ipratropiumbromid). Arzneimittelforschung (Drug Res) 26: 974
20. Bauer R, Wick R (1973) Ipratropiumbromid (Sch 1000) als Aerosol – Ein Anticholinergikum zur Behandlung obstruktiver Atemwegserkrankungen. Tagungsbericht Erster Int Kongreß für Aerosole in der Medizin, Baden/Wien, 19.–21. 9. 1973
21. Engelhardt A, Klupp H (1975) The Pharmacology and toxicology of a new tropane alkaloid derivate. Postgrad Med J 51 [Suppl 7]: 82
22. Barnes PJ, Minette P, Maclagan J (1988) Muscarinic receptor subtypes in airways. Trends Pharmacol Sci 9: 412
23. Bauer R (1976) Bronchospasmolytische Wirkung von wäßrigen Aerosolen bei narkotisierten Hunden. Arzneimittelforschung (Drug Res) 26/4: 531
24. Banholzer R, Pock K-H (1985) Synthese von anticholinerg wirksamen N-Alkylnorscopolaminen und deren Quartärsalzen unter besonderer Berücksichtigung des Bronchospasmolytikums (–)-N-Ethylnorscopolamin-methobromid (BA 253). Arzneimittelforschung (Drug Res) 35 (I)/1 a: 217
25. Bauer R (1985) Zur Pharmakologie des Bronchospasmolytikums Oxitropiumbromid. Arzneimittelforschung (Drug Res) 35/1 a: 435
26. Konzett H, Rössler R (1940) Versuchsanordnung zu Untersuchungen an der Bronchialmuskulatur. Path Pharmakol 195: 71
27. Banholzer R, Pock K-H, Stiasni M (1986) Synthesis of the bronchospasmolytic agent flutropium bromide and of some homologous and configuration isomeric compounds. Arzneimittelforschung (Drug Res) 36 (II): 1161
28. Bauer R, Fügner A (1986) Pharmacology of the anticholinergic bronchospasmolytic agent flutropium bromide. Arzneimittelforschung (Drug Res) 36 (II) 9: 1348
29. Yanaura S, Mizumo H, Golo K, Kamei J, Hosokawa T, Oktami K, Misawa M (1983) Effects of 8–2 fluoro ethyl-3-alpha-hydroxyl-1-alpha-H-5-alpha-H tropanium benzilate Ba 598-BR on allergy induced and drug induced asthmas. Jpn J Pharmacol 33/5: 971
30. Bauer R, Böke-Kuhn K, Fügner A, Jennewein H-M, Muacevic G, Traunecker W (1983) Pharmacological exposé on BEA 1306 MS, an anticholinergic antihistamine bronchospasmolytic

Korrespondenz: Dr. R. Bauer, Boehringer Ingelheim GmbH, Bereich Forschung und Entwicklung, Postfach 200, D-W-6507 Ingelheim am Rhein, Bundesrepublik Deutschland.

Friedrich Kummer (Hrsg.)
Bronchiale Hyperreaktivität und Entzündung

1989. Mit 11 Abb. VIII, 144 Seiten.
Broschiert DM 42,-, öS 294,-
ISBN 3-211-82126-0

Die Hyperreaktivität der Bronchien liegt als wesentlicher Faktor dem Asthma bronchiale zugrunde. Sie wird durch verschiedenste Pathomechanismen bedingt, unterhalten und gefördert. Eine Schlüsselstellung nimmt dabei die Entzündung ein, die sich durch Freiwerden und Neubildung von Entzündungsmediatoren manifestiert. Diese Entzündung kann durch allergisch-immunologische Reaktionen, durch infektiöse Prozesse und irritative Einflüsse (Umwelt, Beruf) entstehen. Wenn die Entzündung einmal in Gang gekommen ist, kann sie von den ursprünglichen Pathomechanismen abgekoppelt werden und ein Eigenleben beginnen.

Um den gegenwärtigen Stand des Wissens um die Pathophysiologie, Diagnostik und Therapie der Entzündung in ihrem Zusammenhang mit der Entstehung nahezu jeder Form des Asthma bronchiale zu erörtern, haben einander profilierte Fachleute zu einem Symposium in Wien (1. und 2. Juni 1988) getroffen. Das Buch enthält ihre Beiträge, in denen sie die Rolle der Entzündung, deren Zustandekommen und deren therapeutische Beeinflußbarkeit aufzeigen.

Preisänderungen vorbehalten

Springer-Verlag Wien New York